U0033104

新管理 04

成功，從斟水開始

Filling the Glass

Barry Maher 著

匡邦文化

contents

contents

第一章　將水加滿的十大策略

朗．坎貝爾在智商測驗裡表現得十分良好、在銷售技術上更是高人一籌。他積極、充滿活力的外表，讓「工業諮詢公司」（Industrial Solutions）的主試者印象深刻，而他之前的兩位老闆，更對他的熱情與誠實讚賞有加。聰明、有才幹、樂觀進取並且有操守——這些人格因素讓朗得到他夢寐以求的工作。然而在一年之後，也是這些特質，使得他懷著一股厭惡的心情遞出辭職書。

我在擔任「工業諮詢公司」顧問的時候，認識了朗。那時，他才剛剛被錄取。二十八歲的他，從一個家族企業年薪三萬三千美金的銷售代表，一躍而晉身於這間《財富雜誌》前五百大企業，開始他專業的推銷生涯。在這樣的一間公司裡，第一年的平均所得是六萬七千元美金，而像朗這樣有潛力的人才，一年大可有十萬美金入袋。而且車子、日常開銷都是由公司所提供，再加上十分誘人的福利制度，足以讓包括我在內的所有人，開始懷疑自我創業到底有什麼好處。開始上班之後，朗那富有傳染性的微笑，幾乎成了他臉上一個持久的標誌。

當我每天七點半到公司的時候，他早就已經在訓練室裡用功了。當我下班的時候，有時候都晚上七點半、八點了，他卻還是待在公司裡，到處向人請益。在他到任之後的第二個月，那一個部門的經理要他在一場主要的銷售會議上，負責一場關於動機的演講。當時甚至連那些商場的老手都對他印象深刻。

我那時候認為他頂多只能待十八個月。因為在「工業諮詢公司」裡，你若沒有那麼一點憤世嫉俗，恐怕做不來這個工作。我看過太多那些原本可以成為頂尖高手的人才，被這間公司設定的高銷售標準擊倒。而朗看起來又是格外的生嫩和脆弱。

在我和「工業諮詢」的顧問合約到期的那一天，朗自願開車送我到機場。他希望能有機會向我請教一番。我便將名片給了他。

「在這裡的每一個人都十分看好你的潛力，」我對他說，「但是如果情況轉壞的時候，在你做下無法挽回的決定之前，請打一通電話給我。」

他向我道了謝，但是跟我保證，他認為這個工作將會是他一生的志業。「我可是將我自己牢牢地綁在這匹野馬的鞍上了。」他這話提醒了我，雖然朗是來自紐澤西，但是他的銷售經理卻是從德州來的。「牠可以亂咬、可以亂跳，但是牠是沒有辦法將我甩掉的。」

八個月之後，他撥了通電話給我。他跟我說，隔天他就要辭職了。

「他們把價格標得太高了，」他解釋道，「我就是沒有辦法將他們的機器賣出去。」

「朗，你如果下決心要賣，你就可以把它賣出去。」

「我沒有辦法賣這個東西，他們所設定的額度太高了，我根本賣不到那個量。」

「有多少人能夠達到那個標準呢？」

「有一些，可能大部分的人都達得到吧，我想。但是公司一直對銷售代表施壓，要我們去達成那樣高標準的業績，誰知道其他人都對顧客灌了什麼迷湯？我是乾乾淨淨地在賣產品的，可是我就是賣的不夠多，而且我對我在賣的產品也感覺不好。我讓那些有潛在購買力的顧客信任我，然後利用他們對我的信任，去說服他們買那些他們原本不會去買的產品。我知道推銷本來就是這麼一回事，但如果你的產品是市場裡最好的那也就罷了……」

他的聲音漸漸地暗淡了下來。

「但是，」我說，想要將話題接下去。「並不是每個人都能拿到市場裡最好的產品。」

「這就是問題所在了。」

「沒錯，這**就是**問題所在了，朗。但是你之前不是在一次部門會議中，提到在中文裡，問題就是轉機嗎？」

「是**危機**。中國人說，危機就是轉機。」

「朗，你明天就要辭職了——辭掉你曾說過的那是你一生的志業。如果這還不算是危機，那你倒說說看，什麼才算是危機呢？」

「你的意思是……」

「讓我來跟你說說**將杯斟滿**的哲學吧！」

諾瑪藍琪是屬於天使那一邊的。她在一個小小的宗教團體裡，擔任行政人員，完全跟推銷員扯不上關係。

「在地獄裡你怎麼去推銷冰水呢？」當諾瑪打到我辦公室的時候，她跟我說，「我們大部分的牧師也沒有辦法。這就是為什麼我們主教想請你參加我們的年度研討會——想請你以銷售的經驗**啓發**他們一下。」她的語調很明顯地告訴我，她對於這一類特別的啟發並不怎麼苟同。

「我聽人家說，耶穌是一個銷售高手。」我偷偷地借用那些電視上神職人員所說的話。那是我沒事亂轉遙控器時無意間聽來的。我總是會聽聽這些神職人員在電視上說些什麼。做為一個職業的演說家，他們的熱忱使我留下很深的印象。而身為一個禿頭的我，實在很驚訝他們總有一頭濃密的頭髮。

「可是撒旦也是。」

「推銷員裡的確什麼人都有。」我承認。

但是諾瑪的問題並不是在於推銷員、或是一個快要禿頭的顧問身上。她的問題在於他們新來的主教。

「突然間，每一件事都要用錢來衡量。」我抵達的那一天，在我的演說要開始之前，她這樣跟我吐露道，「而我就是那個要去進行衡量的人。我得時時逼牧師們改善他們在信徒貢獻上的成績。然後還得要求他們精益求精。這跟我當初接下這個工作時的設定完全不一樣。老主教衡量的是我們在靈魂上的成功與否。」

她交給我一張紙。

「這是什麼？」我問道。

「我想把它塞進今晚主教歡迎牧師的演講中。」

我讀了起來：

請通知你的教徒，雖然我們的教堂的確有基本的財政需求，上帝祂本人，其實是不需要他們的錢的。我今天早上跟祂聊過了，而祂說，身爲上帝最好的事情之一，就在於你不需要依賴貢獻便可以去做你想做的事。祂提到，祂創造宇宙的時候，可是一點資金的開銷也沒有。祂還要我去告訴那些長久以來一直在爲祂找錢的好人，其實把錢給那些他們嘴上嚷著需要幫助的人，比起從這些人身上拿錢，要恰當地多了。祂希望這件事可以馬上付諸實行。要不然的話，祂就要親自來拿祂的錢了，而那些錢最好都安然無恙在那裡。

我抬頭對她微笑，但是諾瑪並沒有對我做出微笑的回應。好像一起分享這個笑話並沒有讓她釋懷，卻使她更加生氣了。

「諾瑪，」我問道，「妳明天為什麼不一起來參加我的演講呢？」

「為什麼？」

的確，為什麼呢？朗·坎貝爾是一個推銷員，所以像我這樣一個以銷售顧問起家的人，能夠幫助他度過危機，一點也不令人意外。我不知道在中文裡，危機和轉機是不是同一個字，至少別人是這樣跟我說的。我待會兒就會跟你們詳細說明，但是現在，先讓我告訴你們，我的確幫助朗度過他具有終結危機的轉機。時至今日，他已是「工業諮詢公司」最成功的銷售人員之一。雖然用他的話來說，他的「頭髮已經白了一點、肚子圓了一點、人也學聰明了一些」，但是他仍然是他們當中比較不憤世嫉俗的。他十分慷慨地感謝我在這方面的幫助，但是無疑地，朗已經把我的話聽進心坎裡去，而成了他自己的導師。

但是，一個推銷顧問的演講，又能給諾瑪藍琪帶來什麼幫助呢？「它真的讓整個世界都不一樣了，」她說，「它幫助我讓我的工作變成了我想要的樣子，它讓我對於我所做的每一件事，充滿了發自內心的、開放的熱忱。」

她的主教則說：「現在的諾瑪實在太棒了，她甚至讓我覺得我將成為更好的老闆。」

就如同我說的，我是以銷售顧問起家的。我的事業有很大的一部分還是在銷售諮詢上。但是這不是一本關於銷售的書，這本書是關於如何成功。我們將會討論到的策略，不只是針對推銷員，而是針對任何一個身處在商業界的人。

最近一篇在《銷售力》雜誌上關於我的文章說道：「對於他知名且具有影響力的客戶來說，貝瑞瑪哈就是業界最佳的銷售訓練師。」我並不是。但是既然我是在這所謂無恥的、自吹自擂的行業中打滾的，就讓我暫且將虛偽的謙虛擺在一邊，而承認我在這一行裡的確是箇中好手——即使我可能索價過高了些。但是為什麼我發現合作的對象有越來越多的、跟推銷無關的高階主管、經理以及像是諾瑪一樣的工作人員呢？而一本由推銷顧問寫成的書，又如何為非推銷員提供幫助呢？

如果我們要說的是關於正直呢？

正直？

對了，就是正直。不是那個公司手冊中，在任務宣言裡模糊提到的、關於正直的概念。也不是誠實或是操守這一類的正直。我是十分支持誠實和操守的。但是這本書要談的不是這個。我並不是要來說教或是教化人心的。我會用別的方式來激怒你們。（不管你是誰，我都希望這本書所提到的某些事情，會引起你激烈的反對意見。）

我所說的正直，指的是完整性、整體性的意思，是希望在我們的人生與工作上，我們所相信應當去做的事情、和真正在做的事情之間，不會再有截然二分的情況。

而且，如果這本書能夠提供一個有效的、實際的方法，能讓你在人生中去到你想走的地方、達成你想要達成的事情，而不需要去犧牲你的人格和你自己呢？

這樣一來，你花在這本書上的錢就值得了，不是嗎？

兩則悲哀而簡單的真理

在許多銷售高手所奉行的原則中，推銷是關於正直與否的，而不是屬於一種憤世嫉俗的操控手段。並且，那些塑造一個真正銷售高手的特質，同時也是能使所有人達成其目標的特質。

但是在推銷員身上，你還是可以發現一個悲哀卻簡單的真理——大部分的推銷員，其實並不如同他們所想的那樣、對其銷售的產品真的深具信心。

一個常見的現象是，他們對於產品所設定的信念、以及他們所說的、或是至少他們所暗示的，常常不符合他們所發現的事實。

而對於我們大多數的人來說，也有一個悲哀卻簡單的真理——許多人、或可能是絕大多數的人，都對我們的職業和工作有所期許，但是殘酷的現實總是與願相違——通常我們所從事的，盡是一些與期望相去甚遠的工作。

而當我們誠實地面對自己的時候，我們便無法再用這樣的工作和職業說服自己、更無法說服周遭的人。

不管是推銷員或是非推銷員，基本上都有著如天人交戰的困擾。那些對我來說十分有效的策略，曾讓我幫助過許多推銷員走過陰霾、讓他們重新覺得自己是表裡如一的。這樣的策略當然也可以幫助那些不是推銷員的人，去面對無法協調的時刻。

我在本章會提到十個簡單易懂的技巧，足以讓推銷員創下亮麗的業績，並且能讓他們和客戶一致都對成交的生意感到肯定。如果應用得當，這些技巧，不論你對成功的定義為何，都可以讓我們所有的人（包括推銷員和非推銷員在內）都能更成功。

就如同我之前說過的，這不是一本關於銷售的書；這本書是關於如何邁向成功之道。而且這也非關道德。我們在這裡所要討論的，是能夠奏效的策略。

阿提拉與我

所以，關於幫助非推銷員如何成功的方法，一個推銷顧問又知道些什麼呢？

在閱讀《匈奴王阿提拉的領導秘方》〔Leadership Secrets of Attila the Hun〕之前，你會認為阿提拉也懂得管理的哲學嗎？就像阿提拉善於強取豪奪、姦淫擄掠、以及——我猜——二十世紀的管理技巧一樣，一個優秀的推銷員其實也深諳基本心理學的道理。在最有效的銷售技巧中，其實深藏著重要的心理學法則，如果你不同意這個說法，那你要如何解釋那些滿街跑的、成千上百的新車，那些在保險箱裡堆著灰塵、價值上億的保險保單，以及把我們的櫃子塞得滿滿的、從電視購物頻道裡買來的新奇器具。你當然可以就這些法則是否應用恰當來爭論：諾瑪藍琪和我都沒有說錯，耶穌與撒旦都是行銷的高手。但是你無法否認，這些法則的確存在著。

事實上，如果你跟我同時被兩個不同的團體所挾持，比如說一群全副武裝的瘋狂離職員工好了，你也許會選擇任何一位人類行為領域的大師，來跟挾持你的那群瘋子進行談判。而我呢，我大概會找知名的行銷高手來幫我逃過一劫。

這本書，應該能幫助你得到這些專家們所擁有的神奇力量。

尋找一句更好的口頭禪

這個世界上有兩種人：一種人將世界上的人分成兩種類型，而另一種人則不做這樣的分類。那些將世界一分為二的人，告訴我們有一種人看到水杯的時候，看到的是杯子裡有一半是滿的，而另一種人看到的則是杯子裡有一半是空的。

大家都知道，如果你看到的是半滿的水杯，那代表你比較容易成功。就像許多商業裡眾所皆知的常識一樣，這個普遍的想法其實並不等同於事實。也許我們可以換另一種新的說法。我所想要造就的、我所想要僱用的人，以及最後會成功、並且對他的公司、家庭、社會乃至於他自己更有價值的人，是那些可以看到杯子本身、而會想辦法要如何把杯子加滿的人。至於杯子是半滿還是半空，根本不在他的考量之中。

而這就是這本書裡所要討論的策略了：**拿起半滿或是半空的杯子，然後把它加滿——**

最好是加到水滿出來爲止。

將真理記住

接下來要談到的十大法則在使用得當的時候，可以讓每個人——

- 在不犧牲其個人人格完整性的同時，得以達到最好的表現、並且實現夢想。
- 得以控制自身的命運，以及自己工作的成果。
- 使自己和周遭的人都生氣蓬勃、充滿動力。
- 能了解到人生不如意的事，十有八九。
- 能看到未來的遠景，並且讓自己活的有價值。
- 能對別人充滿同理心。
- 能夠克服困境、從失敗中站起來、學到經驗。

這些法則有許多可能會是你第一次聽到，有些甚至聽起來還怪怪的（對於不如意的事自吹自擂？）有些則可能讓你有似曾相識之感，是那些你已經相信的事，只不過你還沒有讓它成為你生命中的一部分。我會提供一些個案研究、實例、簡單的小祕方、詳細的策略，甚至說些小寓言，這樣身為讀者的你們應該就不難進入狀況了。

柏拉圖說，所有的學習實際上都是在記憶。如果這是真的話，我想我可以幫大家去記住一些真理。

艱難的轉變

《成功，從斟水開始》這本書被人稱做「可以改變你一生的書」。但是如果你以為這個過程是輕而易舉的，那你現在大可以把書丟下了。這本書裡在討論的，不是只教你一點積極的思考，再灑上一點精靈的魔幻金粉，然後——嘿！你的夢想就成真了。

《成功，從斟水開始》這本書也被稱為深具啟發性。我希望它是。但是即便如此，它也是以現實為基礎來做啟發的。如果有什麼小精靈在裡頭飛的話，它們的手上也一定是長滿了繭、並且在嘴邊帶著一點懷疑性的微笑。它們才不是那種會在迪士尼工作的精靈呢！

我自從一九八六年開始，便從事顧問及專業的演說工作。而我的客戶名單上涵蓋了許多顯赫的大企業。身為一個諮詢顧問，我對於實際狀況的興趣遠比對於理論要來的濃厚——我所處理的是實際的工作情形，而不只是灌些迷湯，說些什麼是「應該」有效的策略，或只是說些顧客喜歡聽、而我也希望能奏效的方法。《成功，從斟水開始》是一句能讓人朗朗上口的標語，也提供我一個行銷的利器。但是身為一個諮詢顧問，別人僱用我，是要我拿出實實在在的成果。真正能讓顧客一直回來找我、並且讓我在聖塔巴巴拉的辦公室電話聲此起彼落的行銷利器，是因為整套策略能夠奏效。

雖然實行這些策略並不是那麼簡單，但是只要你想做，也沒有什麼大不了的困難。畢竟人都有惰性，有時候我也會偏離了這個軌道。往往說比做容易太多。但是當我真的對此策略奉行不渝時，我的工作、我與工作夥伴的關係、以及我的生活，就會變得一帆風順，連我身邊的人也會跟著受益。

十大策略

將水加滿的十大策略是：

1.**與消極面和平相處**。人生不如意十有八九，要從陰霾裡走出來。

2.**將水加滿**。態度是很重要的，但現實才是一切。

3.**成為你自己的導師**。你就是你自己最好的明燈。在重要的人生關卡上，行銷大師是不會在你身邊的。

4.**加水**。我們常常會將自己最強的行銷點藏起來。學著推銷你的想法、你的計畫、你的企畫案以及推銷你自己。

5.**將你自身的展望釋放出來**。從你的內在發掘同理心，並從周遭尋求有志一同的夥伴。

6.**成為一個專業的見證者**。讓對方說明其論點，然後再試圖說服他們。

7. **失敗爲成功之母**。成為一個傑出的工匠——一個傑出的工匠是從所有可能的錯誤裡讓其手藝精益求精的。

8. **對於不如意的事自吹自擂**。讓你最大的負債成為你最強的資產。

9. **改變衡量的那把尺以達成交易**。大小是很重要的，但是多大並不重要，它給人多大的印象才是重點。

10. **絕不要以成功爲標的**。不要讓你的目標成為絆腳石，要享受過程而不是去享受結果。

就如同大家所知道的，所有一言以蔽之的概論都很浮泛。這個也不例外。你無法在個案研究、實例、或是一個演講、或一本書裡就能掌握住現實。最簡單的狀況中也會有相當複雜的情節，所以即使是最好的作者，也只能告訴讀者他或她對現實的一種解讀。《成功，從斟水開始》是我所能提供的最好的一種解讀。但是所有的策略、技巧、所有的小祕方，都在現實的商場上經過了時間的洗鍊與考驗。

此外，書中出現的名字都已經改過，有些情節也做過調整，好保護那些曾經跟我傾訴過肺腑之言的人。書中記錄著一些愚蠢的錯誤，所以有些情節的更改也是為了保護曾犯下錯誤的人。我們可以從愚蠢的錯誤裡學到教訓，但是若嘲笑別人犯錯，我們則什麼也學不到。只要是人，就都會犯錯的。

我從來不認為在《成功，從斟水開始》裡所描繪的方法是通向成功的唯一之道。很顯然地它並不是。但是這十大策略可以將不成功的事業翻轉過來，而且在我們所信仰與實際在從事的事情之間斡旋以取得平衡。這些策略比我所遇過的其他方法都來得更加迅速而完備。

這在朗．坎貝爾和諾瑪藍琪身上，都得到了證明。

朗所要賣的機器，和同業比較起來要貴了許多。所以，如同我們常常教許多推銷員做的一樣，朗使自己成為交易中的附加價值之一，這讓他的產品最後比較起來，要優於同業。他已經成為了一項重要的人力資源。他專業的程度，讓他的顧客都覺得缺他不可。「他賣的機器可能不比其他的要來的穩定。」其中一個顧客坦承道，「但是在業界裡，沒有人比他更懂這種磨製機器了。我們從他的身上所得到的免費資訊，與我們在他的產品上所花費的額外修護費用相互抵銷之下，還是非常值得。缺了他根本不行的。而且，每次只要一有問題，朗就一定會在在機器停擺之前出現了。」

我最近跟比爾史惟蘭聊過，他是朗那家「工業諮詢公司」的一位顧客服務代表。「當朗的顧客一發生問題，」比爾說道，「他一定為他們爭取到底，甚至比顧客本身還拚命……有時候我真懷疑到底他是在為誰工作的。」

「但這就是他們買的產品、其中的一個部分。」朗解釋道，「他們買的是我。這是他們付錢的原因，也是他們所得到的報償。我保證絕對能讓我們產品裡所多出來的那點費用物超所值。」

因為他很確定他的顧客能夠得到怎麼樣的報償，所以他能夠誠實地銷售產品。他能夠在對客戶以及自己誠實的同時，還能達成交易。他的客戶越來越多，而他對顧客的回報也與日俱增。

至於諾瑪藍琪，那個因為主教老是注意基金募集、而憂心忡忡的教堂行政人員呢？諾瑪是如何將水加滿的呢？她用了下班後的時間，做了一份他們如何運用捐獻基金的分析報告。然後她讓運用資金成為教會的一項重要職責，要使教會比起其他非營利性團體來得更有效率，所以每一分錢都是在做善事。她在大型的集會裡向牧師們報告成果，也對外發新聞稿，為教堂贏得行善的美名。教徒的奉獻也漸漸增多，而諾瑪比從前更愛她的工作了。她並沒有在向別人要錢，她是在幫助那些需要幫助的人。

她的主教對她特別讚賞有加，並將這份監督奉獻的差事全權交給諾瑪掌管，好確定教堂能更上軌道，以及每一分錢都花得值得。

這個世界上，到處都有像朗坎貝爾以及諾瑪藍琪一樣正直的人。他們希望、需要對他們在這個星球上所付出時間與心力的事情，感到驕傲。而他們也的確值得擁有這樣的生活。《成功，從斟水開始》在這方面，可以幫得上忙。

我可以為這策略做見證。

第二章　現實與馬努傑的死亡迴旋梯

一本關於積極思考的懷疑論手冊

那是新生訓練的最後一天。這間公司付了我機票，讓我在他們上路之前專程飛去，做最後的打氣與鼓勵。幾個月之後，他們其實會比當時更需要我。他們都很清楚，如果成功的話，他們會得到怎樣的收入。他們的腦中，還有著對未來甜美的想像。

主要的訓練師瑟瑪，曾任小學老師，並沒有實際的行銷經驗。她對他們介紹了我是誰，然後加上一些她個人的、激勵性的話語。

「要相信！！！」她下結論時這樣向他們呼籲。並且在她身後的白板上，潦草地寫下這些巨大的、藍色的字，還加了三個驚嘆號在後面。「拜瑞，也就是《彼得潘》一書的作者，曾說道，有了信念才能飛翔。」

我，貝瑞瑪哈，一位不算暢銷書的作者，站了起來，然後走到講台上。

「瑟瑪和拜瑞都很對，」我說，「有了信念才能飛翔。但是你如果要做長途的飛行，只靠著一些小精靈的幫助是不夠的。」

我對於用神話來激勵人心，並沒有多大的信心。

在教室裡大多數的人幾乎都是剛從大學畢業的新鮮人。就像是朗・坎貝爾一樣，他們都熱切地願意去相信他們所要賣的產品，以及這間公司會給予他們豐厚的報償。即使在宗教裡的新教徒，對於他們的新信仰也比不上這些青年男女對於新工作的熱情。

身為一位激勵人心的講師，我知道可以用一些快樂的幻覺和光明的思考、為現實舖上一層糖衣、甚至以全然的謊言，在短時間內為人們打氣。

我們都見過這樣的方法，並且也都在我們身上發生過。但是如果你要為人們的長途旅行加滿油——好讓他們能到達他們想去的地方，讓企業達成其需要的目標，那你最好開始去面對現實。

有些人曾說我的方法是：一本關於積極思考的懷疑論手冊。他們完全正確，這本書的目的就是如此。

朗・坎貝爾並不是唯一的例子

就像是那些新人一樣，我們大多數的人在開始的時候都很熱忱、積極，並且對於我們的工作與職業生涯感到興奮。對於無窮的潛力感到興奮、對於我們的未來感到興奮。如同朗・坎貝爾一樣，我們常常會發現這些工作與生活的現實，與我們所願意相信的，相去甚遠。

現實會以不同的面貌在我們面前展現。

大衛包尼夢想要成為一位攝影師。但是他的照片賣不出去，而他的人像館最後也收了起來。在那之後，他並不確定他的人生應該怎麼走。但不管那是什麼，絕對不是每天五點半爬起來，掙扎地來到工廠上班，監督二十三個寧願身處在這個地球上的任何一個地方，也不願為這間公司工作的員工。

「我們在這裡所實行的，是一套傳統的橡皮圈管理系統。」大衛解釋道，「這間公司將員工綳得緊緊的，直到他們斷掉為止，然後將他們丟到一邊，再去找些新的人。幾個月之前，公司的董事長一定是讀到一些、關於如何幫助員工改善生活品質的文章，他發散了一份備忘錄，滔滔不絕地談到他最近在肯亞的狩獵情況。他引述了梭羅或是某人關於我們應該更接近大自然的文章，然後他建議我們每天應該多花一點時間看看窗外的世界。這當然是要在我們的休息時間內進行。」

這聽起來不僅像是有錢人在叫窮人小心謹慎花錢，而且還讓員工們看到，他們的董事長幾乎根本沒視察過任何一間他自己的工廠。

「我們如果在休息室裡有一扇窗戶，那就算是走運了，而且如果從窗戶看出去不是一條小小的巷子，堆滿了如詩如畫的垃圾桶、牆上畫滿了塗鴉、以及一些斑斑的血跡，那就更幸運了。」

查理歐尼爾畢業於一間知名的商業管理研究所，並且第一分工作的薪水好到超乎他的預料。九年過去了，他經過了幾次的升遷，前途十分看好，眼看就要與最高階的主管平起平坐了。

查理每個禮拜工作六十五個小時，銀行裡有一筆數目不小的存款，並住在一間租來的華廈裡。

但是當他一空下來，有時間想想自己的事情時，他總是會懷疑，為什麼這樣有前途的未來，看起來是「如此的空洞和無聊，我有時候甚至想要放一把火把公司總部給燒了。我不由自主地想著，我現在的生活是在為最終的日子做準備。正如同有些人說的：『最終，人皆免不了一死。』」

在幾個月前的一次出差裡，從一兩次他太太的電話留言當中，他已經察覺到了一絲絲的不對勁。出差後他直接回到辦公室，但是他希望能早一點離開，回家陪陪不常見面的家人。他最後真的將自己拖離了他的辦公桌——那時大約是七點剛過。

在他那幢剛剛重新裝潢過的「迷你別墅」裡，他太太將紙條釘在主臥室的桃花心木門上（她一定是用了那些工人留下來的六吋長釘）。

很明顯的，她已經走了，帶著她的珠寶和賓士轎車，還有他們的小孩以及那隻查理記不得名字的狗。

狄安娜熱愛她的職業，一個家庭醫師。她喜歡去治療病人。而且在診所裡她有一個很棒的老闆。但是要招攬病人的壓力、規格化的醫療用品、再加上堆積如山的公文以及繁文縟節，讓她對這份工作失去了喜悅，甚至讓她常常想要離開這個工作崗位。她之前的一位同事，事實上已經放棄醫生的職業，而轉而從事多層次傳銷。

狄安娜苦笑道：「他說他唯一的遺憾，是在於十五年前不應該浪費時間在醫學院裡，而應該去參加安麗的集會。」

艾倫蘇特曾是個法律系的夜校生，白天則做清潔工以扶養她的兩個女兒。在家裡，她會用一種特別的、清除殺蟲劑的洗潔精，來清洗那些要給女兒吃的水果和蔬菜。而她現在的工作，則是幫助公司如何鑽環保法規的漏洞。

「沒有什麼是不合法的，」她搖搖頭地解釋道，「就像我的老闆所說『運用法律來得到我們最大的利益。』這工作讓我有錢可以賣麵包，我只希望這間公司沒有將烘焙麵包的麥子給污染了。」

白手起家的勒洛依麥丹尼，在他那間五金行開張的時候可以說是一無所有。對於他後來的成就極端地驕傲，也對他為二十八個人提供工作機會十分自豪。但是對於他付的薪水比同業少、以及他今年又得進行減薪、降低福利這件事，倒不覺得十分光榮。他更覺得臉上無光的是，他還得在一些產品上偷工減料，他只希望大部分的顧客不會注意到這件事。

海倫泰倫絲是一個專業的說謊家。「起碼我忠於自己的感覺，」她堅持道。

事實上，海倫管理著一個全國性慈善機構的分部。「我覺得我一直在對捐獻的人說謊。我唯一有權使用的宣傳品，是由總部所製造的。而那些宣傳品上，至少都有一個受難兒，並且強調著那些小孩所遭受的痛苦。」

「將這些小孩子推銷出去。」他們不斷這樣告訴她。而事實上，感染這種病症的小孩並不多，他們募來的基金也很少被用來幫助三十五歲以下的人。海倫覺得她是在剝削那些小孩，在欺騙她的捐獻者。甚至當她試圖在尋找這個工作的正當性時，她覺得她在欺騙她自己。

「這並不是我所希望的生活方式。」她說道，「我知道我們在做善事。但是這並不是那些捐獻者所相信我們應該要做的善事。除此之外，我們有一套繁瑣的行政體系，有時候，我們的上司好像跟我們所達成的善事一點關係也沒有——也許甚至跟我也扯不上關係。因為事實是，我並不像我所認為的那麼能幹。但是我這些苦衷要跟誰說呢？我也有小孩子要養啊！」

馬努傑的死亡迴旋梯

常常我們會發現，在工作裡，我們實際所從事的事，和我們所應當作的事，相去甚遠。很顯然地，我可以用這些例子填滿這整本書、甚至整個圖書館。

在《創造你自己與創造公司》〔Creating You & Co.〕這本書中，威廉布理吉〔William Bridges〕提到，「工作」這個字是源自於蓋爾特語，指的是「嘴巴，或是在嘴巴裡的東西」。

慢慢地它的涵義變成了「一大塊的、一長串的，或是在嘴巴裡的某種**工作**」。然後轉為「一個人所做的、關於那些東西的事情」。最後才是，「任何被執行的任務」。

這也許能夠解釋為什麼我們的工作，總是在我們的脣齒之間，留下不好的餘味。幾乎沒有人對我們的工作完全地具有信仰。

即使是一個推銷員想要在工作裡盡可能地表現傑出，即使他一個月的收入都依賴在這上頭，他對產品要是越沒有信心，他的產品就越賣不出去。

如果我們的工作表現越差，我們對工作的感覺就越不好，我們便會對職業生涯越來越失去信心，這麼一來，我們的表現就會更加惡化。然後我們的事業就會每況愈下。在行銷上，這樣的惡性循環有時被稱為「馬努傑的死亡巡迴梯」。

推銷員很喜歡將事情誇張化（我們可不是在賣衛生紙啊，我們是在一個歷史的關卡上，我們在追尋的是自我實現，這是一場生存與死亡的天人交戰。阿維克馬努傑是一個傳說中的阿美尼亞推銷員，他曾經在四十七年的職業生涯裡，為兩百零七個公司工作過。

有時候馬努傑的死亡迴旋梯，會導向疏離感與憤世嫉俗。通常它則讓人們離開公司、甚至放棄自己的志業，比如說放棄醫療工作而轉向多層次傳銷。

然後我們試著在別處尋找一個新鮮的起點，在另一個我們可以感到興奮的工作裡。直到同樣的戲碼重演為止。

第三章 精靈的魔杖、樂觀主義、以及與消極面和平相處

最難搞的客戶

雖然每一個產品、每一間公司、每一項工作都有其苦衷，但是大多數都不及推銷員所面臨的來得棘手。畢竟，他們每天都得去面對世界上城府最深、疑心病最重的客戶，然後試圖去製造信任與熱忱，甚至要讓對方感到興奮。他們得試著去證明產品的價值。

這並不是說我們其他人所要處理的消極面，比較不具殺傷力，這只是表示死亡迴旋梯的週期要來得長一點。

消極面是一定會存在的。儘管有著消極的一面，你就是得要推銷你自己，要對你的工作、職業、職場生涯保持著信心。如果一個推銷員希望能誠實，在他向客戶推銷任何產品之前，他首先要能向自己推銷這個產品。這是一個有操守的推銷員所會面對最難搞的顧客。

就像是推銷員一樣，如果你並非全然誠實地達成交易，如果你有一點胡扯，就無法投注你原本可能投注的心力、或是你應該投注的心力。便就無法更成功。而你也會在工作裡得到更少的滿足感。並且你所胡扯的那一套遲早會報應在你自己的身上。

套一句林肯總統的話，你可以永遠欺騙你自己的某些部分，你也可以在某些時候欺騙全部的自己。但是你無法永遠欺騙全部的自己。

你得要去面對那些消極面。

樂觀主義與精靈的魔杖

「你到底是那一門子的信心講師啊？」一個低階的主管有一次這樣對我問道。他在我開始演講十分鐘後走了進來，然後聽不到五分鐘就插了嘴。「你在說的都是我們的工作、我們的職業和職場生涯，哪裡出了問題。產品哪裡有問題、公司哪裡有問題之類的。」他緊張地往房間裡瞄了一眼，好像他想要蓋住那些員工的耳朵，並停止這一場異端邪說。「你到底是哪裡有問題？這是哪門子的積極態度？我們在這裡所碰到的牢騷和抱怨難道還不夠多嗎？用不著你來跟我們提醒！」

他所說的話裡莫非沒有半點真實性嗎？莫非我也只看到一個半滿的杯子？所謂積極的思考態度呢？還有熱忱呢？如果沒有熱忱，你要如何向別人甚至包括你在內，來推銷產品呢？

積極的思考是一種強而有力的概念。而擁有熱情更不祇讓你將產品推銷出去而已。有一個故事是關於，法蘭克辛那屈有一次責備在隨便哼著歌的小法蘭克，「不要讓我再逮到你這樣子唱歌。」據說他是這樣子講的，「如果你對你所做的事情不感到興奮，那你就什麼也不是。」

作為一個信心講師與諮詢顧問，我的主要目標之一，是要幫助人們對他們所做的事產生熱情。但是在推銷的情況裡，這樣的事太常見了：推銷員都很清楚，如果他對產品沒有一點興奮的感覺，那就別奢望他的顧客會對產品產生任何的火花。但是既然他無法避免看到每個產品與公司裡消極黑暗的一面，他會覺得自己是兩面人。他會覺得內在不和諧、並且感到壓力。或者他乾脆就變成了一個憤世嫉俗的人。

如果積極性的思考不是根源於現實，那就不應該被稱為積極的思考。那就只會是過度的樂觀主義，就像是精靈的魔杖一樣。

有一則關於兩個牛仔的故事。小林和阿得這兩個牛仔，由於找不到任何牛群來照顧而陷入了失業的困擾。就在此時，當地的印地安人逃出了保留區。政府於是宣佈，只要有人可以將印地安人綁來，每抓來一個印地安人就發給十美元的獎賞。所以小林和阿得報了名，便騎著馬去尋找印地安人。三天過去了，他們除了響尾蛇和蠍子之外，什麼也看不到。

然後那一天晚上，阿得被帳篷外的噪音所吵醒，他偷偷地掀開簾子往外瞄了一下。在月光裡，他看見一千個全副武裝的印地安武士，他們向帳篷前進、並團團地將他們包圍起來。

阿得一躍起身，並將他的同伴搖醒：「快醒來啊小林，快醒來，我們要發財囉！」

過分樂觀的積極思考策略，常常使問題惡化。你想要積極，所以你不會去看那消極的一面。你拒絕去了解它們，甚至更糟的，你會完全地將之忽略。不幸的是，就像是包圍著阿得和小林的印地安人一樣，現實是無法讓你視而不見的。

在《如何犯規以在商業世界裡成功》（How to Succeed in Business by Breaking All the Rules）一書中，丹甘迺迪（Dan S. Kennedy）提到，在他故鄉俄亥俄州的愛格倫小鎮上，有一群人壽保險的從業人員。

每一天早晨，他們都會聚在一起，並且「重複積極的宣言，高唱公司的主題曲，並在桌邊大步地走。他們會聽些激勵性質的錄音帶、看些鼓勵人心的錄影帶，然後覺得精神飽滿。」接下來，「就像成了十呎高的巨人、並且刀槍不入之後」，他們會在一個叫做「蛋堡」的早餐咖啡廳，喝完最後一口咖啡，然後就出發去征服這個世界。

可是甘迺迪覺得奇怪的是，就在「蛋堡」所在的那一間購物中心裡，有一個叫做「乾碼頭」的酒吧。每天下午四點，買一送一的時段會準時開始，而這也是同一群人出現的時候。

只是他們現在並不在世界的頂端，而是在底部了，所有的動機都消失地無影無蹤。他們像是被槍射過一樣，再也不是刀槍不入了。他們完全被市場上料想不到的現實給擊倒了。

我們都認識這一類的過分樂觀主義者。他們到處跑來跑去，急著要說服自己，這世界是美好的。他們讀著所有自我激勵的書籍、聽所有的錄音帶，並傳頌著公司最近的口號。

當事情並不像錄音帶所說的那樣進行時，他們要不是變得憤世嫉俗，就是滑近了死亡迴旋梯的最深處（那也是一種過度樂觀的死亡迴旋梯）通向快速的墜毀與爆炸。到了這個時候，他們比任何其他的人都還會抱怨，並且責怪公司或是工作無法去符合他們「每件事都很美好」的標準。

通常他們會去怪所有的事情。然後他們會選擇離開而去別的公司工作，希望在那裡會找到他們的美麗新世界。我個人從來沒有遇過一個像這樣的過度樂觀主義者，能夠成就任何的事情。

躲在希望後面

許多公司常常在鼓勵、甚至要求這樣膚淺的積極思考。他們將自己隱藏在這態度之後，好避免去面對問題。每件事都是美好的，樂觀的人這樣想——杯子是半滿的、而不是半空的。任何在暗示這個宇宙有任何一點問題的人，都是患了消極的毛病，都應該停止將他自己以及其他的人一起拖下水。

對於管理學來說，「他擁有一個積極的態度」意指著，「他不會嘲笑我們的愚蠢，他只說對的事情」。不管那是多麼的露骨、滑稽、和不誠懇。批判的聲音會被一句話所打消，「喔，他只是有點消極而已。」可是，也許這消極的態度裡，是有其理由的——這理由還可能是一個重要的、公司無法忽略的理由。

根據《商業周刊》的報導，當丹尼爾柏翰（Daniel P. Burnham）接管雷西恩公司（Raytheon，譯註：此為一家大型空中防衛電子工程公司）的時候，他發現自己一直被隔絕在所有的壞消息之外。他形容公司的那些高階主管「幾乎是在制度上沒有辦法」脫離對於財政預測的深深依賴，不管那預測如何地與現實脫節。

「搞什麼啊，」他最後終於跟他們說，「告訴我們到底實際的情況是怎樣。不要再躲在希望後面了。」

對於柏翰來說，「這間公司吸引人的其中一個部分，在於其『能為』的態度，但是最終它卻使人矇上了眼睛。」

於是，在發現了這些假設過於樂觀之後，柏翰不得不將營收預測腰斬至半，雷西恩公司（Raytheon，譯註：此為一家大型空中防衛電子工程公司）的股票一下子下跌四十個百分點。這就是過度樂觀積極思考的威力了。

小祕方：「能爲」變成「不能爲」的轉變速度是相當驚人的，尤其是當它不以現實爲基礎的時候。

只看好的那一面

漢克英格弘在他的老闆眼中，是一個「有經驗、一等一的好手」，並且也是一位首席會計師。他深受著同儕的尊敬與信任，並且很快地就被老闆擢昇了。上任之後不久他就發現到，身為一位經理的任務，就是要宣揚公司的樂觀信念。幾週後，他便失去與下屬之間相處的信賴感。他覺得自己像是個兩面人，他感到言行不一、壓力遽增。

「更糟的是，」漢克補充道：「如果要一直試著都很樂觀積極，那我等於是在否認我職位裡最重要的一環，那就是我應該要對於情況做出誠實的評估。當然囉，沒有人喜歡聽誠實的話。」

換句話說，這間公司當初提拔漢克，就是因為他是一個誠實的人。然而現在卻又不要他作一個誠實的人。

在「不平凡的智慧」（Unconventional Wisdom）一書中，機構發展的專家湯瑪斯魁格（Thomas L. Quick）談及，有一次他被邀請去參與一個新計畫的討論會。在聽了一陣子之後，他認為他在這個企畫案裡發現了一些漏洞，於是他提出了一些修正的建議。

「現場頓時出現一片尷尬的沉默；然後計畫案其中的一個參與者，很生氣地說道，他認為我的建議很有可行性，也許大家可以就這個案子來進行表決。突然間我好像成為了流氓——為這個場合投下了不確定的因素。接下來又進行了一些討論，但我卻很明顯地被排除在外。就我印象所及，這個計畫讓他們花了一大筆錢，最後卻還是沒有成功。」

如果你曾經位處於管理階層，應該都有過以上類似的經驗。

這種對於消極面視若無睹的態度，實在不應該被稱為樂觀積極的思考。通常它應該被稱為「只看好的那一面」，雖然那些對此奉行不渝的人，會將之稱作一種社交行為、或是辦公室的政治，或就是將之玩弄在股掌之間以遂行其目的。不論你怎麼稱呼它，但如果我能將那些企業對自己說謊的時間、以及他們花在自欺欺人的時間都收集起來供我自己使用的話，那我大概就會長生不老囉！

如何「長生不老」

想一想你目前所就職的公司。有多少在開會時說的話、或是一些正式的宣言，是大家都知道不正確、卻不准去挑戰的。

你又花了多少的時間，在聆聽那些油嘴滑舌的陳腔濫調，在聆聽那些不僅完全與事實無關、甚至還想要掩蓋事實的話？通常這些話都會披著流行口頭禪的外衣，躲在最新的管理時尚的標語裡。時尚一開始通常都是一些極佳的好點子，有時甚至是革命性的想法，直到他們被誤用、被誤解、或是被完全不相干的、當初概念發明者始料未及的東西所吸收進去。

如果我現在要從任何一家特定的公司，來收集那些可以延長我生命的時間，我大概會去找正在談論著顧客服務以及顧客至上的公司。有一天我打了電話給一家公司，他們才剛剛加入一個併購案。最近他們將公司的座右銘從「百分之百的顧客滿意度」換成「最容易合夥的公司」。

「我們最擅長的一件事就是顧客服務，」他們的經理吹噓道，「這也就是為什麼我們對於併購者那麼地具有吸引力的緣故了。」

在與這樣一家公司合作過之後，並且在與其顧客打過交道之後，再加上我也算是這公司的客戶之一，我了解它所謂「最擅長的一件事」，其實是在**討論**顧客服務。這公司裡好像沒有一個人真正了解到，說與做之間的差別在哪裡。

當我打去的那一天，想當然耳地，我又被丟到語音信箱裡（長達二十八分鐘）。電話中一直播放的是以下令人困惑的訊息，「因為我們重視你的這筆交易，所以請繼續等待不要掛斷。」

真叫我不敢相信我的耳朵。**因爲我們重視你的這筆交易，所以請繼續等待不要掛斷。**這句話的意思就是，「你的這筆交易對我們來說，非常地重要，所以我們十分願意以減低你的生產力來提高我們的生產力（以浪費你的時間來減低我們的開銷）。」如果他們不重視我的這筆交易的話，說不定我就可以直接找到真人對談了。

在二十八分鐘之後，我掛斷了。如果有人要搶我的時間或是錢財的話，至少我希望不要那麼的虛偽。我寧願小偷拿槍抵著我肚子，然後說：「因為我重視你的錢，所以請給我你的錢包。」

我知道有一家公司，光是收集他們花在一句空洞的標語「顧客至上」的時間，大概就夠我長生不老了。而如果我能夠收集他們所浪費在「員工是我們最有價值的資產」這句廢話上的時間，我就能讓許多朋友也長生不老，好跟我一起作伴了。

啊，精靈的魔杖啊！

如何謀殺一份職業

一家大型通訊公司的總裁，有一回視察各個分公司，以了解各處的實情。當他來到伊利諾州的時候，當地的經理仔細地欽點了幾個老將、以及數位深具潛力的新人，來與這位想了解實情的總裁聚餐。這些新人都是辦公室裡最盲目而狂熱的分子，而老將們則處事謹慎，深諳公司的法則和規矩。

吉姆阿朗森，是這個部門裡經驗最豐富、也可能是最偏激的老將。然而他並不在邀請的名單之中。吉姆知道自己在公司裡的價值，對於升級與否也不感興趣。很難想像如果他在，會跟總裁吐出什麼話來。

但是阿朗森畢竟不愧為阿朗森。在這個聚餐之前，他找來了其中一位新人，然後把她帶到一邊去。雪莉錢寧，是一個既年輕又熱情、並且十分聰穎、年近三十的女人。她很樂觀真誠、對工作非常認真並且全心投入。她想要成為一位經理，而大家也都知道，不假時日她就能美夢成真。

雪莉在這間公司工作的日子足以讓她了解到，當阿朗森說這個分部有一個很嚴重的問題時，他一點也沒有說錯。這個問題在於年度評估的計畫中，薪水調升的基準是在於活動的多寡，而不在於實際的成就。那些過度的開銷、一層層關卡的設定與建立、繁瑣的程序、以及無數的報告，都被當作是真的生產力來獎勵。

「這樣一來，就會讓人產生一些不好的情緒。」阿朗森補充道：「所有那些模糊的人格議題：無法打團體戰、缺乏忠誠度、缺乏動機等等，你都看到的。許多時候它們更像是在指控，而不是在評估——好讓經理們對於那些他們所不喜歡的人，有機會可以大肆討伐一番。他們要如何衡量這些活動呢？又有誰能夠為自己辯解呢？如果你的經理明年還是不喜歡你，你又要如何改進呢？」

雪莉點了點頭。阿朗森甚至還以一篇從舊雜誌剪下來的文章，來為自己做佐證。這篇文章中提到一個研究的論點，指出針對表現的評量通常會讓表現持續下滑達三個月之上。

「在這裡，會持續地更久」他說道。「在這裡大概會一直持續到下一次的表現評量為止。這間公司根本落後了十五年。他們得將注意力集中在行為本身（有生產力的行為），而不是那些人格特質：**達成百分之八十三定期的目標、將顧問的費用將低百分之十一**。這些才是我能夠有著力點的事情。現在他們在評量的是，誰看起來最忙、還有誰最會拍馬屁。難怪我們會流失那麼多最優秀的人才。

所以雪莉當天晚上可是有備而來的，雖然也有一點緊張。總裁就跟區域的副總裁以及所有當地的經理，一同坐在講台上的主桌上。而其他的受邀者則圍坐在台下兩張較小的桌子邊。

晚餐之後，總裁站了起來。「就如同你所知道的，」他說，「我們今晚在這裡的目的是因為，我想我需要各位誠實而敞開心胸的建議。你們的意見、想法，以及，你們合理的批判意見。當然囉，現在是一個很安全的環境。一個完全安全的環境。這點我可以向你們保證。你們想說什麼，就可以說什麼，不用擔心會有任何不好的後果。」他微笑道，「不管你的老闆現在是不是就坐在我的身邊。」

大家都笑了，雪莉也笑了。但是不幸的是，她並沒有感覺到在其他的笑聲裡，有一絲絲的緊張。

然後，受邀者一個接著一個地站了起來，陳述他們的意見。關於有這樣一位總裁多好，能夠關心他們、遠道而來詢問他們的想法。關於就是這樣的公開性，讓這間公司不同於其他的競爭對手，並且能在其中工作有多麼地美妙。關於就是這樣的思考模式讓這間企業成為一個貨真價實的工業領袖。

沒有人提到這間公司高人一籌的員工轉業率，或是為什麼在其他的領域之中，這間公司的表現都落後在標準之外。那些被提及的問題都是一些雞毛蒜皮的小事，通常都是跟過程有關的。總裁會指派區域副總裁、或是分區的經理，以「查看一下實際的狀況，看看我們是不是能夠在系統上或是程序上做一些改善。」可是根本沒有人記下這些指派的「任務」，甚至沒有人將這些建議記錄下來。

雪莉幾乎是最後發表意見的。她站了起來。很尊敬地感謝總裁的來訪。然後她說：「我所關心的問題，是更為基本的問題。」她並沒有注意到，她坐在主桌的老闆臉上，突然浮現了一個關注的眼神。「我們是否好好地檢視過現行的評估以及報酬的制度，有沒有可能我們的制度在鼓勵的是錯誤的行為？」

現場所有的人連氣都不敢吭一聲。但是他們心裡的驚嘆，卻大聲到足夠被聽見了。對於一個外人來說，這個問題聽起來好像不怎麼樣，但是在場的每一個人（除了雪莉在外的每一個人）都很清楚這個話題多麼地敏感。六年前，就在這位總裁晉身為總裁之前，他就是這個標準化的評估系統幕後的主要推手。這也是他最主要的成就之一。

「我們已經研究過各種獎賞制度。」總裁冷冷地說著，像是在打發著雪莉。「我們知道同業的方法，而在研究過所有其他的方法之後，我想我們可以這麼說，這個獎賞制度是業界中最好的一種。」他指著坐在雪莉旁邊的那位男士，說道：「下一個。」

「但是，總裁先生。」雪莉並不死心，這也讓她走上了一條不歸路。「大家都在抱怨這件事——說這個制度有多麼的不公平，並且多麼地減損生產力。就好像是我們並不獎勵那些種了比較多豆子的人、或是獎勵那些盡可能有效率地種豆的人。我們在獎勵的人，他們只是找到更多如何數豆子、以及重新數豆子的方法。」

最後一句其實是阿朗森的話，而所有當地的主管都知道。但是阿朗森仍然是毫髮未損。

「大家都在抱怨？」總裁的聲音還是十分冷酷。「那為什麼在場的其他人都不提這件事呢？沒有一個人提到啊。如果有人同意這位女士……這位女士，妳叫什麼名字啊？」

「錢寧，」她緊張地說，「雪莉錢寧。」

「在場有人同意錢寧小姐所說的話嗎？」他說話的語調很顯然地在暗示著，在這個房間裡沒有一個人會同意這種荒謬的無稽之談。「但是我想我了解妳的問題。錢寧小姐，妳的問題在於，妳根本找錯工作了。我們這一行可不是在數豆子啊！」

他笑了一笑。其他人則緊張地笑了起來，然後他就叫下一位的受訪者。

在渾然不覺當中，雪莉錢寧就這樣毀了她在這間公司升級為經理的機會。六個月之後，她也離職了。

而此後當區域級的經理談及這個故事的時候，通常總是被當成一個教訓來講，關於在高階主管面前，應該不要做哪些事情。以及在這樣一個聚會之前，沒有好好的挑選人員以及不事先對他們做一番宣告，是多麼危險的一件事。下次當有重要人物來訪時，區域副總裁都會親自對經理們耳提面命，告誡他們這樣的事件不允許再發生。

也就是說，他們要確保的是，高階主管絕對不會在發掘真相之旅中，發現任何他們不想發現的、尷尬的事實。

所以這種事並沒再發生過。但是它應該要發生的。應該要在每一次開會的時候都要發生才對，直到公司了解並且知道他們的問題出在哪。即使他們為了某種原因，無法解決那個問題都沒關係。至少知道了問題的癥結之後，他們能有機會來解釋為什麼他們對問題束手無策。

顧客與員工的消極面

小祕方：沒有人愛聽批判的意見，但是不去聽批判的意見，不代表你就不需要它。

我們都不希望消費者提出問題和抱怨，但是我們也都了解，如果有問題的話，那最好我們可以聽到這些聲音。我們不會跟一個發怒的顧客說，他們應該改善其態度，或是他們太消極了。企業可以控制員工，或是他們認為他們可以控制員工。但是通常很多公司還是認為，處理員工問題的最佳解決之道，就是實行樂觀主義、或是嘴巴上說一說就得了，要不然就以為揮一揮精靈的魔棒，問題就迎刃而解。

團隊的合作，並不意味著毫不思索的接受一切。如果你不能發表意見的話，那你就不真的屬於這個團體。而如果你不善加利用團隊裡不同成員所帶來的回饋，那你也不算是一個真的團隊經理了。

通常經理們對於其他層級所提出的問題，會有一番很好的解釋。而如果是這樣的話，就把原因說出來啊。真的，就是這樣而已。如果真的遇到對於被質詢的政策，無法說明其原因的時候，也要給予解釋。如果你需要做一番調查，請跟大家說明，然後就去做。不要讓這件事成為大家不爽的原因。

越戰的教訓

只樂觀地往好的一面看，是一件很吸引人的事，尤其當情況越變越糟的時候。身為一位經理，當你只要聽你想聽的消息，那你就只會聽到這些消息。當你只要聽某一種數字的時候，那你就只會聽到這些數字，只是很多時候這些數字都不是真的。

身為一位顧問，我有時候會微服出征。我會喬裝成一位顧客、一個剛被僱用的新人、會是一個新的經理。當我看見他們如何製造、甚至被迫加上某些數字的時候；當我看見中級主管浪費了多少時間，在提供高級主管他們所堅持要聽見的消息上，我就會想到越戰，以及那些我們都聽過的每日死傷統計報告。這些數字是那麼可笑，以至於它們很快地變成了讓人完全笑不出來的全國性笑話，但顯然那些高級軍官將領是最後才聽懂這個笑話的人。

而我們還是搞不懂，為什麼研究報告顯示，雖然絕大多數的員工開始的時候，都對他們的職場生涯充滿希望，卻很快變得孤僻和偏激。而如果他們在一間公司裡待的越久，他們就會越孤僻和偏激。

一個高階的企業主管告訴我，除了為公司吹噓之外，他所能想到最浪費生命的事，就是要跟他的執行長解釋，「在公司內部、在所有的員工之間」究竟都發生了些什麼事。

你的老將們都很偏激嗎？你害怕讓他們接觸那些可能被僱用的新人嗎？你害怕讓他們接手新生訓練嗎？如果你在擔心他們的孤僻和偏激對生產力有所影響，那你應該先問一問自己，是什麼讓他們如此偏激的？

發掘反對的意見

當亞佛瑞史龍〔Alfred J. Sloan〕擔任奇異汽車集團的主席時，有一回他詢問委員會：「你們都同意我們應該要執行這個案子嗎？」他們全都點了頭。「很好，那麼我們就暫時將這個會議延期，直到有人可以提出此案不可行的理由為止。」

保羅可利根〔Paul Corrigan〕是「莎士比亞的管理學」〔Shakespeare on Management〕一書的作者（我常常在想，如果我能早他一步先有這本書的構想就好了。）可利根指出，管理者應該要在權力圈外，培養情報的來源，好讓他們得以知道真實的狀況，並得到不假修飾、直接的建議。在莎士比亞的作品中，「弄臣常常是個預言家，」而國王的小丑也通常都比較值得信賴，他們比起其他大臣來，更為誠實而不帶偏見。這對於美國企業來說，應該不是一個完全陌生的概念。至少對於我所認識的幾個企業副總裁來說，這是我提供職業諮詢時所能想到的唯一建議。

小祕方：保護並且培養那些跟你說眞話的人，不管你多麼不同意他、或是他所說的話。

我會在權力圈外，發展一整套提供建言的網路，讓他們可以對整個公司提出許多不同的觀點。

過度樂觀的思考、以及樂觀地只往好處看，對於企業來說，都是致命傷。

就如同商業專家丹甘迺迪〔Dan Kennedy〕所指出的：「如果你認為提出問題、質疑、抱持懷疑論、或是討論哪裡出了錯，會讓你成為一個消極思考的人，或這樣的態度是一個應該被切除的惡瘤、一種應該被忽視的危險聲音，那你其實是既病態又愚蠢的。」甘迺迪是個說話很直接了當的人。

請不要搞錯了，積極的思考是一件很棒、很強而有力的事情。如果有事實作為基礎的話。有很多研究一直顯示著，積極的態度是非常有利的。

在一個婦女的研究調查中，許多剛被診斷出有乳癌的婦女，保持樂觀不僅可以讓她們減少壓力，也可以使她們正視疾病的嚴重性，而更能夠積極地去面對、處理疾病。而消極的人則比較容易轉向否定、或是直接就放棄了。

但是就如同一位研究者解釋的：「你希望能教導你的小孩看清現實，而不是一味忽略現實的樂觀主義。」

不實際的過度樂觀積極思考，是會降低生產力的。

它會遮蓋了真正的問題。它會在那些過度樂觀以及被教導過度樂觀的人身上，衍生出偏激與孤僻的態度。它會摧毀思考無窮的生機。

小祕方：耕耘思考的無窮生機，才能有所收穫。

如果你是一位經理，而你手下有一百位都贊同你說法的員工。那你就無法獲得一百種觀點，無法從這些不同的觀點裡衍生出一百種可能的解決之道，相反地，你所得到的只有一種方法。當然囉，你希望你的員工都能支持你的做法，但是絕不能要求他們百依百順。

「在總裁桌上的牌子是這樣寫的：『沒有一個人能比我們所有人都更聰明。』」一位資深主管這樣說道，「但是他做的每件事都很清楚地在告訴我們，我們最好是放聰明一點，不要在重要的事情上跟他唱反調。」

小祕方：如果有下屬同意你說的或是你做的每一件事，那麼他或是她就等於沒有盡忠職守。如果你堅持、或是鼓勵、甚至是允許這種關係，那就是你沒有盡忠職守。

你能想像嗎？如果一個足球隊的教練稱他們的球迷為「點頭大隊」的話，他們還會忠心耿耿地來看球賽嗎？「點頭大隊」對我來說，指的不僅是無法獨立思考的人，他們甚至根本無法表達出他們所應該相信的事情。

小祕方：作爲一個獨立的個體，如果你只是人云亦云、隨波逐流，那你就根本沒有自己的想法。

亞特漢莫〔Art Hammer〕是田納西州那克斯維亞市裡、一家名為魁波〔QualPro〕公司的總理。魁波專門幫助企業製造、改善、測試想法，以改善其作業程序。亞特已經實際地測試過成千上百個想法與計畫。「我們所一再發現的是，如果參與計畫的每一個人都一致同意某個想法可行的話，有百分之二十五的時候，這個計畫會成功；有一半的時候並不會有所成效，而在百分之二十五的實際情況中，它會對這間公司造成傷害。」

我不只一次聽到那些過度樂觀的經理，用作曲家尚・西貝留斯〔Jean Sibelius〕的話，來打發部下所提出的合理問題。他們會說：「沒有一座雕像是對批評者致敬的。」

我所聽過對此話最好的回應，出自於一位被上司斥責的新就任圖書館員。「喔，是這樣的嗎？」她質問道，並指者上司桌後，角落裡的一座雕像。「在那邊的伏爾泰，就是一個十足的批判家啊。傑福遜總統、作家佩恩、哲學家盧梭也都是如此。他們可有一大堆一大堆的肖像呢。當然囉，我猜當阿普頓辛克雷爾〔Upton Sinclair，譯註：辛克雷爾為記者兼作家，曾獲普利茲新聞獎。〕在二十世紀初期，揭發童工不人道的情形時，一定有人叫他不要那麼的消極。還有佛德列克道格拉斯〔Frederick Douglass，譯註：十九世紀的改革家，提倡廢除奴隸制度，曾擔任林肯的顧問。〕，他對於奴隸制度完全說不出一句好話——多令人洩氣的傢伙啊。」

我們對抗他們

很顯然地，如果只專注在消極的人生態度上，那麼對於一個公司或是個人都不會有益處。你不能被拉下去，你要去了解它們。而且，你也必須保持客觀與理性。沒有一家企業會想要或是需要那種只會發牢騷、打擊士氣、在雞蛋裡挑骨頭的員工。這也就是為什麼企業需要提供讓員工發聲的管道。如此一來，員工得以暢所欲言，而公司也能得到建言，並且能有解釋和說明的機會。

當員工認為他們的聲音被聽見的時候，他們會對公司的利益有參與感，會認為他們也有一份，他們是公司的一部分。當員工覺得被忽略的時候，就會很輕易地產生一種「我們對抗他們」的心理。埋怨就會成為公司文化的一環，甚至變成了一種娛樂的活動、一種互相競爭的運動。

「喔，你認為你的問題很糟嗎？那聽聽看我的吧。」

「如果你覺得他被整了，那你知道他們是怎麼對付我的嗎？」於是當發生情況的時候、當目標沒有達成的時候，大家就都有一套理由和藉口。

幾年前，有一份醫療人員的通訊報紙，提供了一則關於醫療人員如何照顧自己的建議。在建議的方法中，有一項是要學著在那些能實際解除壓力的抱怨、以及只會增加負面壓力的抱怨之間，去分辨兩者的差異。這對於公司和個人來說，都是一個不錯的點子。聰明的公司知道如何提供人們發洩的管道，然後幫助他們將注意力放在積極的事情上。

這也就是為什麼在德爾塔航空公司裡〔Delta Airlines〕，任何一個員工可以向任何一個階層的主管，訴說個人的想法。工友可以跟總裁並肩而坐，討論他的問題。而總裁則會加以說明，讓工友了解問題出在那裡。其他的公司也設有員工申訴專線、或是匿名的電子郵件系統，好讓建言管道通暢。還有一些公司則設有致力於員工問題的小組。

爲什麼要幫助對手翻牆入侵呢？

我曾經看見一個資深的經理將員工意見箱，連看也不看地、就直接倒進垃圾桶。他發現我在看，就笑著說道：「還不就是那些舊垃圾，」他說：「為什麼我要在垃圾上頭浪費時間呢？」

我希望我馬上就可以用一句發人深省的話來封他的嘴巴，但是我實在想不出一句話來回應他。直到後來我搭飛機回家的時候，在飛機上喝了一杯酒，才想到在十六世紀初期，巴黎城外有一大堆的垃圾，那垃圾之高讓國王十分害怕，因為敵軍隨時可以攀上這些垃圾，然後翻過牆來。

不管是個人或是公司，你都不能忽略你的垃圾。你不能對那些負面的情況視而不見，你不能假裝它們不存在。

成功的企業與個人都是腳踏實地才能飛黃騰達的。他們不會去相信那些根本不存在的事情，不管他們試圖要多麼地樂觀。當然在最樂觀的態度裡，還是有一些實情存在。但是現實和這些實情的差別，就在於一張最新版的汽車俱樂部地圖和我們所願意相信的地圖之間的差別，我們會忘記那些迂迴的路徑、急轉彎、不堪使用的舊橋和山路，以及那些在八十號國道邊一成不變的玉米田。

與消極面和平共處

在你積極的思考中，放一點點現實的成分進去是不打緊的。作為一個人，了解你是有些問題、你可能會失敗、你的職業出了點狀況、你的產品有瑕疵、你的公司出了點錯，這些都是不打緊的。這不僅沒有關係，而且對你的心理健康、對你內心的和諧、對你個人的正直與否也很重要——我說過的，正直指的是完整性、整體性的意思，與內外不一相對。

而且這終極來說，對你自身的成功也有關鍵性的影響。

沒有什麼事情會比試著要逃避你的問題，來得更消極了。最積極的事情當屬認清你的問題、並且試著處理這些問題。

就像我之前說過的，有操守的行銷員需要找到一種方式，好和其產品中的消極面和平共處，才能對他們自己、以及其他人來推銷這個產品。而我們其他的人，則需要找到一種方式，來與我們的工作與職業生涯中的消極面和平共處，才能對我們自身有所交代，並且得以保持我們個人的完整性。

一個能和消極面和平共處、擁有完整性的人，會覺得她的工作就代表她是怎樣的一個人、以及她想要成為怎樣的一個人。或是至少，她的工作不會和她是怎樣的一個人以及她想要成為的那種人相互矛盾。這樣的人比任何一種過度樂觀的人，對於工作都能更全心投入，並且其熱情能夠更為真誠而持久。

很顯然地，沒有一種工作、一家公司、一個情況和一份工作是完美的。我在這裡並不是要各位從此在工作中過著幸福美滿的日子。如同麥肯佛伯斯（Malcolm Forbes，譯註：經濟學教授，亦為佛伯斯雜誌創辦人，生前是世界首富之一。）所說的：「如果你從不對你的工作感到憤怒，那你就不算擁有一份工作。」我們在這裡要做的，是減低在你是誰、你想要成為怎樣的人與你實際做的事情之間的矛盾。

達到平衡

「很貴！我們的產品當然很貴囉，」一位銷售代表可能會這樣對客戶說道：「它們比同業中賣的任何產品都還要貴上一倍呢。這就是為什麼我們可以針對每一筆交易量身定做，好讓其成為市場上最有價值的產品。」

我們有些人就像這位銷售代表一樣，以同樣的方式與其產品或是工作中的負面部分和平共存：我們都了解到，消極面和積極面，其實就是一體的兩面。而在你達到平衡之後，這個產品或是這個工作，仍然會是一個很棒的選擇。

是的，我的工作並不是我最理想的選擇，而且我也希望能賺更多一點的錢。但是這個工作其實還蠻愉快的，並且從我的教育背景來說，有這樣一份工作，我算是蠻幸運的了。

要達到內心和諧的平衡境界，其實只需要權衡輕重，在兩害之間取其利。你的高薪跟住在那個美妙的小鎮比起來，到底那個比較重要呢？在得到快速晉升機會的同時，又有多少額外的壓力是你要承受的呢？

你其實就是在跟自己推銷整個情況，並且決定你要付出多少才能擁有主權——才能全心付出。

對你自己、你的家人、甚至對你週遭的朋友來說，達成這筆交易的代價是多少呢？

「事情本身並不會傷害或是阻礙我們，」斯多亞學派的哲學家艾皮科蒂塔斯（Epictetus）這樣說道，「別人也不會。是我們自身的態度和反應為我們招來麻煩……我們無法選擇身處的外在環境，但是我們可以決定自己要與之回應。」

不幸的是事情有時的確會阻礙我們——艾皮科蒂塔斯要是有被車子撞過的話，他可能會說出完全不一樣的話。

人們也會阻礙著我們。尤其是那些身帶著刀槍的人們，會更令人討厭。而且我們也在工作的場合裡遇過一些人事物，足以讓艾皮科蒂塔斯重新考量他的這一番話。但是，就如同他所說的，我們可以選擇如何對週遭的環境做出反應。

我們也很清楚這一點。只是我們總是讓環境左右著我們。

小祕方：要去改變世界，比起改變我們對這個世界的反應，要來的艱難多了。相信我，我兩種方法都試過。

所以要與消極面和平共處，是很有可能性的。只要說服我們自己，我們的工作、職業和我們的人生，在加加減減之後，都算的上是一筆絕佳的交易。在認清楚事情的消極面之後，你就將之擺在一邊，然後專注在積極的那一面上。

而有時這真的能奏效。認清現狀的意思不代表你不能、或是你不應該善加運用你週遭的現實情況。事實上，認清現狀會讓這件事變得更為簡單。你若是越了解現實的狀況，便越能在遭遇不可避免的轉變時，得心應手地處理突發狀況。

你若越能腳踏實地，便越能抵抗現實中的逆境。因為你已經在消極面和積極面之間權衡過得失，所以你知道，你現在的狀況算得上是最好的了。

你如果已經學會了如何去計算並且接受了消極的那一面，你就比較有可能遠離馬努傑的死亡迴旋梯。

然而，不管你在何時、權衡過哪些事物的輕重，事情還是隨時都在改變的。一個新的老闆、一次升遷機會的喪失、薪水計算方式的改變、或是公司大方向的變動——不管是一個大轉彎或是幾個小的更改——這些都足以動搖你工作的前途。在工作告一段落的時候，你必須要能夠重新評估你的抉擇，好確定這些改變尚未足以打翻你心中的天秤，而扭轉了你的方向。

「兩相比較之下，我一直到最近都還是對醫生這份職業很有信心，但是現在，我還是寧願去做安麗直銷。」

如果你對情況的重新評估是以每天的生活作為基礎——或是像每一週那樣地頻繁，那麼你其實並不堅定。你還沒有和生活中的消極面和平共處，雖然你以為你有。而這些消極面可能就在影響著你的表現。

至少它們一定在影響著你生活的品質。不幸的是，很多權衡輕重的決定都是這樣的情況。

很常見的、甚至是大多數的情況是，在仔細考慮過你要處理的消極面之後，你會發現要與它們和平共處，代價實在太大了。你所在思考的那隻杯子，看起來總是只有一半滿。

這就是為什麼你得找個方式將杯子加滿。

第四章　將水加滿

有時候，當一個銷售員誠實地面對其產品中的消極面，並且將之與積極的一面相互比較時，他會發現對於消費者來說，這個產品實在不算是筆好的交易——有時候甚至還很糟糕。

他對自己能否成功的推銷這個產品都沒有信心。

有時候，當你或是我自己認清了工作或是公司裡的消極面，並且將之與積極面權衡得失之後，我們會發現，不管這個杯子是半滿或是半空，它絕對是不夠滿的。我們所相信我們應該要從事的工作或是要擁有的生活，通常與我們實際在做的事情不相符合。我們連自己都無法說服。

我們得要找一個方式來將水加滿。

成功

既然有許多半滿或是半空的杯子，我們就有許多辦法將之加滿。但是最重要的是，杯子必須被加滿，而且你必須找到一條途徑來達到這個目的。如果你不能誠實地向你自己證明你現在所從事的事情，如果你無法用你自己所信仰的方式達成目標，那麼在你自己的標準裡，你就永遠無法成功。永遠無法成功！不論你能夠成就什麼，不論別人認為你是多麼地成功。

這可能就是柏拉圖所提出的真理當中，最為人稱道的一項。我們都知道這就是真理。但是我們常常會像個患了失憶症的病人，好像完全不記得這一檔子事。

山姆華爾頓（Sam Walton）是華爾賣場（Wal-Mart）的創辦人之一，也是世界上數一數二的首富。許多人都認為他是企業家的典範，是一位偶像、甚至是個英雄。

「我搞砸了，」顯然華爾頓在死前是這麼說的。根據「駕馭商場遊戲」（Mastering the Game）一書的作者凱利強生（Kerry L. Johnson）的說法，億萬富翁華爾頓曾說過：「他幾乎不認識他最小的兒子，他甚至跟他的孫子們都不太熟，而他的妻子則是因為那一紙婚約才繼續跟他住在一起。」

我不知道山姆華爾頓是不是一個輸家。但如果這個故事是真的，那麼他就是——以他自己的標準來說，不論他的成就多麼非凡。至少，在他死前所說的價值觀與他生前所活過的那一套價值觀之間，他並沒有取得平衡。

如果他能在這兩者之間取得協調，華爾頓也許會有一個更為成功的人生——一個更接近他理想中的人生。他也許甚至能擁有更為成功的事業（以他自己的標準來說）一個更接近他實際信仰的事業。像我這樣一個十分樂觀的人，我會相信如山姆華爾頓這樣大權在握的人士，如果生命中沒有一些互相衝突的價值在牽制著他，也許他能創造一個更為輝煌的王國。

《成功，從斟水開始》這本書是關於協調和折衝之道的：協調我們所作所為以及我們所信應為之事，也就是我們真正信仰的事情。

如果你沒辦法這樣做，你就不能算是真正的成功。

而正如我所說的，有千萬種的方法可以達到這個目標。是什麼讓你的杯子無法被加滿呢？你又應該要怎麼做呢？

讓你的價值觀助你一臂之力

許多宗教都相信人生最終的評斷。如果你要對你的人生下一句最後的結論，就像是山姆華爾頓那樣，這句話會是什麼呢？

你真正的價值觀是什麼呢？對你來說最重要的又是什麼？這本書的目的並不是要來評斷你的價值觀。這是你自己的事。這本書的目的是要讓你的價值觀能助你一臂之力，不論那是什麼。幾乎沒有什麼工作是不包含任何價值評斷的。如果在你的人生哲學和你的工作哲學之間有任何衝突的話，那麼其一便要受害，或是兩者皆會蒙受其害。

同樣地，這與正直性密切相關，端看你是要成為一個完整的人還是要做一個兩面人。

小祕方：找到一種工作的方式，好讓其與你所擁有的人生哲學相互協調，這樣你工作起來，也會事半功倍。

至少至少，如此一來你也會快樂一點。

朗坎貝爾，那個認為他公司的機器標價過高的銷售員，在確定他所提供的增值服務能值得其產品裡額外的費用之後，他等於是為他自己將水加滿，也為顧客的杯子斟滿了水。諾瑪藍琪，那個在擔心主教老是只注意基金募集的教會秘書，在確定每一份募來的錢都用在刀口上之後，也為自己的杯子加滿了水。

你要用自己的價值觀將水加滿。

「我的工作最令我厭惡的一點，」一個中級主管有一回這樣談到，「就是它逼我成為某一種人，以及它讓我要去帶上一層面具。」

「所以，」我問道，「如果你變成你想要變成的人，你帶上你自己想要的面具，那會是怎樣的情況呢？」

「嗯，這個嘛，事實上，我也不太確定。」

「他們會因此就炒你魷魚嗎？」

「不會，他們不會這樣做。」

「那你還可以繼續你的工作嗎？」我問道。

「事實上，我說不定還能做的更好。但是我會衝撞了整個公司的企業文化。」

所以問題在於，你認為整個公司的文化應不應該被衝撞？你覺得你的動力堅強到足以做這件事嗎？

小祕方：工作和公司都無法決定我們是怎樣的人，是我們自己決定我們要成爲怎樣的人。

你是怎樣的人，決定權在你，而不在於公司。如果你對於所身處的公司裡的標準、價值觀或是倫理系統有意見，那你並不需要去接受他們。你不需要去唱反調，你只要記得你是怎樣的人，然後以此行事即可。這就是我們所說的完整性。這也是我們所說的領導才能——即使沒有跟隨者。可能會有人對你冷眼旁觀，也可能會有人對你惡意中傷，但是最終你一定會受到尊敬。

如果你變成了一個不是你的人，你會得到多少的尊敬呢？

而且如果你成功的話，你的哲學也會被廣為流傳。你甚至還會被擢昇。有時候，你可以就成為你想要的那個轉變。甘地就是這樣說的。還沒有人寫出「甘地的管理學——印度大聖的市場行銷術」這樣的一本書來。至少還沒有出版。但是這可是第一等的商場建議。有時候，你只要在工作上成為那個你想成為的人，你杯中的水自然就滿了。

小祕方：工作無法成就一個人，是人成就了工作。

汲汲營營，所爲何事？

不論你決定怎麼做，將水加滿都是意味著為你的職業和你的人生，發展出一套和諧的、具有遠景的體系。就如同公司需要具有遠景一樣，像我們這樣的個人也需要將眼光放遠：好讓我們保持平衡、擁有動力，讓我們了解到我們是怎樣的人、又為何是這樣的人，並且讓別人以及自己都能看清楚我們的價值在哪裡。

如同梭羅所說的：「汲汲營營是不夠的，因為螞蟻就是汲汲營營的啊。重要的是，你汲汲營營所為何事？」

就如同企業常常會訂下一個任務宣言，好展示他們在市場上將如何達成其遠期目標，你也應該要發展一套任務宣言，以清楚地說明你在工作與職業裡，要如何向你的遠景邁進。

這跟訂定目標是不一樣的。「要成為執行長」是一個目標。「藉著幫助我的手下發揮其最大潛能，以成為執行長」這是一幅有視野的遠景。

老一輩的人通常藉著吃苦耐勞來將水加滿，以達到一些長期的標的：像是為家人帶來更好的生活、或是為他們自己建立一番事業。當別人認為自己一輩子要做牛做馬的時候，這些人有強烈的視野，讓他們足以認為自己的工作對人對己都有意義。他們不是鐵路工也不是棉花田的農夫，他們是夢想家。

而那些夢想有許多都成真了。但是這成就卻讓這些夢想家的子子孫孫缺乏自己的夢想，至少缺乏著同樣有意義的夢想。

小祕方：為你的工作發展一套視野、或是一項任務。

不需要太深奧

你的視野不需要太深奧。假設說你發明了一種很棒的新型靴子。你很清楚這就是人們所需要的。這靴子比較保暖、比較舒適，而且比起市場上其他的靴子都來得更有彈性。你於是做些郵購的宣傳。訂單開始湧進。然後靴子卻開始被退回來，而那些鞋子的鞋面和膠底都分開了。第一百雙靴子中有九十雙都被退了回來。如果全數退費的話，你的生意很可能就要關門大吉了。而你已經將這些所得全投入了預期的訂單之中。你現在要怎麼辦呢？

如果你是行銷大師的話，你擁有一幅遠景，那麼做何決定早已不言可諭。你得將錢全數退回：沒有麻煩的手續、不問任何的問題。那麼你就等於將名聲打響了，而這名聲比起十萬雙靴子的價錢都還要來的值得。

擁有遠景的意思，並不代表得到處宣稱你希望世界和平或是要拯救飢寒。這是你自己的人生，並不是一場美國小姐的選拔賽。現在你可不是在累積點數，也不是在引人注意。

這是為你自己做的。我們在這裡所談的並不是倫理道德教育，我們所談的是，你希望你的工作和你的人生是怎樣的一幅景象。

換句話說，如果你能夠試圖將你的工作與你的遠景相調和，起碼你對於你職場生涯的最後定論，會跟你所希望的接近許多。

找一幅遠景吧，然後盡可能地以此為人生的目標。

你不會成功的，至少不會全然地成功。你並非完美的。當失敗的時候，不要自己否定，但也不要讓過去的失敗成為未來失敗的藉口。面對失敗，並且從失敗中學習教訓，然後將之忘卻，從此之後奮發向上。你越努力去嘗試、你越接近自己的理想，你就會越對自己和工作感到驕傲。甚至連你自己的努力，都會幫助你去克服生命中所遭遇的掙扎與衝突。

你的努力本身就能開始為你自己將水加滿。

最佳的策略

就像大多數的人一樣，我也重視操守。而就像許多人一樣，我認為這在別人的身上來得格外的重要——就像是在你們的身上一樣。如同我們所知道的，有很多人是不能夠完全信任的。但是，讓我再重申一次，這本書非關道德。我們要加滿的是杯子，而不是教會裡的聖杯。這是關於什麼是最有效的策略，對你個人來說，以及作為一位工作者與領導者來說，最能奏效的策略。

我們在這裡所談的是你的價值觀，而不是我的。不管這些價值觀為何，互相衝突的價值觀會折損你的精力、增加你的疑慮。當你在從事工作的時候，減低現實與理想之間的差距，會讓你更有效率、更誠實、更有自信以及更果決，這樣也會使你的信用大為增加。在大多數的情況中，這會使你的工作效率提高不少。

最佳目標

一旦你有了一幅遠景之後，你會發現將水加滿的最好方式，就是在這一幅遠景中努力地向最佳的目標邁進。這可能是對你來說、或是對你的家人來說，最值得努力的目標。這也可能是對你公司的每一個股東來說，都是最物超所值的目標。

策略：就像是朗坎貝爾一樣，你的目標可能是要提供最佳的顧客服務。即使對於非銷售員來說，顧客服務也是彌補一項產品、一個部門或是一間公司裡美中不足的最佳途徑。

如果你能找到一個增進顧客服務的方式，那你通常也就能夠改善你的職場工作。很顯然地，在各行各業中，顧客都是最重要的焦點。就如同斯堪地那維亞航空〔SAS〕的楊卡贊〔Jan Carlzon〕所說的：「如果你不服務顧客的話，那你就等於是在為那些服務顧客的人鋪路了。」

策略：試著以最佳推銷員服務他們最高級顧客的方式，來對待那些為你工作的人，因為他們就是你內部的顧客。這裡指的就是服務的意思。也就是要待以之禮、處之以敬，要花時間和精力去建立彼此的關係。也就是要在下決定之前，聽聽他們的意見與建議，並且要在下決定之後，得到他們的支持。

小祕方：獨裁者只能下命令，但是領導者卻能使命令風行草偃。他們的屬下、他們的同儕、甚至是他們的上司都會跟隨他們的決定，因爲他們願意跟隨。當你在某些情況中缺乏權威性好讓別人買你的帳時，不妨試試這個方式。

策略：有時候當你為別人將水加滿時，從這樣一個經驗裡，也可以幫助你將你自己的水杯加滿。

在某一家公司的製造與運輸兩大部門合併之後，達斯汀是上任的首位主管。那時在這兩大部門之間，彼此的敵意甚至超過了互相較勁的興致。「在他幽默的領導之下，在他對生產過程充分的了解、以及把事情做到好的決心與毅力之下，他將人們團結了起來，並且找到了解決事情的方法。」一位生產線上的前任員工這樣說道。「跟達斯汀一起工作的時候，他都會把事情變成是我們的問題。在之前，那都是別人的問題。而別人的問題總是不如我們自己的問題一樣，容易被解決。」

安琪拉所從事的是一個像是死胡同一般的接線生工作。然後，就像她所說的一樣，她「問問題，讀手冊、打電話，然後跟所有知道些什麼的人請益。」很快地，她就成了辦公室裡所有軟體的專家。現在，就如同朗坎貝爾一樣，對於她的同事以及上司來說，她已成了不可或缺的資源。

「沒有安琪拉，我們這個部門根本運轉不起來呢。」她的老闆這樣說道，「在同儕之中，她已經成為薪水最優渥的秘書人員了。」

策略：有些人藉著使他們的公司成為更好的企業公民，來為自己將水加滿。

有一位電話簿的出版經理，因為讓出版社成為環保尖兵，而為自己創下一片天地。他的回收計畫使得電話簿資源回收的問題，轉變成一則環保的奇蹟，當然也在同時使公司的公共形象更具競爭力。

一間重型機械公司有一回做了一次「小規模的改組」——至少公司裡的主管是這麼認為的。隔天這間製造公司的副總裁，例行地巡視了那座剛被裁員的工廠。她意外地發現了工廠裡正進行著大型的示威抗議活動。

「其中一個標語是這樣寫的，『企業家不過就是一個非法的罪犯罷了』，」她說道，「這真的讓我很難過，我不是這樣看待自己的，也不是這樣地看待我的同事。天啊，我還在伍茲塔克音樂節裡裸體跳過舞呢。而那不過是幾十年前的事，當時的我真不知有多苗條呢。」

所以她決定在社區的議題上栽培一位專家。在當地社區學院的職業訓練課程中，她所投下的補助資金，也培訓出源源不絕的高品質技師。在加強當地社區與其工廠之間的聯繫當中，這還只是全盤計畫之中的一環而已。而他們對這間工廠，也比以前更有成就感了。

策略：許多人藉著在公司裡、努力達成一些改變，好為自己將水加滿。

不管你是一位主管、一個員工，或是一個老闆，恐怕都會贊同那句古老的格言吧：我們當中有百分之五能改變現狀，有百分之十見證這些改變，而百分之八十五的人則不太明白發生了什麼事情。那位中古世紀的企業大師所說的話，想必大家也都耳熟能詳：「讓我平和地接受那些我所改變不了的事情，讓我擁有勇氣好去改變那些我能夠改變的事，並且擁有智慧足以知曉那其中的改變。」十三世紀的商業管理大師將這稱之為聖人法蘭克的差異變化表〔Saint Frankie A's Differentiating Paradigm〕。而在當代的企業環境中，這在要建立優先順序考量的時候，還是一個絕佳的模式。

如果你的公司願意傾聽，那你就有權利、甚至有義務將你的建議透過層層的關卡，傳達到擁有決策力的上層主管當中。如果他們從沒聽見問題，又怎麼能對問題採取行動呢？而將資訊傳遞出去，也是你工作義務中的一部分。在一份美國前一百家最優企業的調查當中，絕大多數的受訪者指出，在那些不愉快的員工當中，他們有一項很普遍的錯誤，那就是在他們辭職之前，沒有給公司一個機會好解開他們心中的結。

而如果你是在美國前一百家最爛的公司裡工作的話，最普遍的錯誤應該是讓老闆知道你對公司很不爽。而在那之後，你也大可以辭職不幹了。

有人曾說，如果你有時間抱怨、發牢騷的話，那你應該也有時間想辦法做些事情來改變它。相信我，身為人類的我們大可以對那些無能為力的事情發牢騷，而有些事情若真要去改變它，也會花上比發牢騷更多的時間。但是就像我常說的那樣，如果你有時間發牢騷、或是抱怨某件事的話，你的確也就有時間開始來做點事。然而，通常所謂的做點事只是讓決策者知道有問題存在。換句話說，也就是用一種不像是發牢騷和抱怨的方式，在發牢騷以及抱怨。

有時候，也許是在百分之九十九點九的情況中，將問題往上送並不會產生任何可見的結果。這時候，你就要想別的法子來將水加滿了。

策略：有些員工將水加滿的方式，是變成像湯姆彼得斯〔Tom Peters，譯註：彼得斯為商業叢書的作者〕所說的那種「臭鼬工作者」一樣：像是地下工作者一樣，跟一群志同道合的同儕一起，將公司變成他們想要的那個樣子。記者鮑伯伍華德〔Bob Woodward〕有一次曾說，「所有的好事都是在違抗管理階層之下完成的。」這話說得有些過頭了，但卻不無一些道理。

策略：許多企業的執行長將心力都投注在為股東們交出一份最亮麗的業績─所謂的股東也就是那些擁有公司的人。這些執行長認為他們是自己要負責的對象，認為他們是自己要盡忠的人。如果這就是他們所信仰的，那又有什麼不對呢?股東的範圍常常包括了一些退休基金，以及一群老先生跟老太太。而即使最富有的投資者也有賺錢的權利。如果他們無法獲利，他們就會將資金轉移他處，這樣一來，對於其他的股東來說，就沒有利益可言，甚至公司也會無法生存下去了。

當然投資的股東是到處都有的，而投機的投資者也是無所不在。「你認為我是為那些股東工作的嗎？」一位執行長最近這樣跟我說。「但是我是為長期的股東而工作的——那些對公司、對我有信心的人，那些將錢都押在我們身上的人。使那些短期投資者、或是投機者獲利，對我來說一點意義也沒有。我看過太多企業的執行長試著要成為華爾街的英雄。他們在研發和廣告上投下大筆的資金，然後卻大舉裁員。他們吞噬了公司發芽的種子，卻讓股票在短期間身價大漲，通常也為自己撈上一筆，然後公司就毀在他們的手上。」

在一九九五年的時候，美國航空比維利航空〔ValuJet〕大的多了，前者的獲利也是後者的五十倍。然而股票市場十分著迷於維利航空缺乏遠見的低價措施，以至於在股市的資金換算中，維利航空比美國航空來得更有價值。他們的意外事件發生率比起一般的運輸業要高出十四倍，但投資人對這些卻都無動於衷。這個華爾街的寵兒在其中一架飛機墜落於佛羅里達大沼澤之後，行情也跟著暴跌。這場墜機事件使一百零九人喪失了生命，最終也摧毀了這間公司。

小祕方：擁有一份工作就表示，你要將生命、或是生命中很大的一個部分，貢獻在某件事情上頭。如果這事情是你所認爲值得的事情，那麼你就會更加快樂、甚至更爲成功。

你大概無法改變你的工作，但是你可以捫心自問，在你的工作中，有什麼是最值得追尋的目標。

如果在內心深處，你無法真正地對自己的所作所為有堅定的信念，你就無法將水加滿。但是難道你不能對增進人們的生活抱持堅定的信念嗎？這生活也許指的是那些為你工作的人、或是你的顧客、或是你的股東、或是任何其他的團體。

叫我第一名

「你知道我是為誰辛苦為誰忙嗎？」有一回在一個飯店的酒吧裡，一個積極的主管在幾杯酒下肚之後，這樣問我。「當我在經營管理的時候，你知道我心裡最重視的是誰的利益嗎？我自己的。我想要成為第一名，而我對這種態度一點也不介意。」

「我也不介意，」我說，「一點都不介意。」

你是在為自己的利益打拼嗎？當然你是囉。我們都是啊。這絕對不是個問題。將水加滿完全是關於——怎樣做才能對自己最有利。這就是為什麼你打從一開始，就要試著與消極面和平共處，這樣你才會對目前所擁有的生活感覺好一點。但是身為人類的我們，若完全為了我們自身物質的目的來打拼，是無法讓我們得到完全的滿足的。如果你這樣就滿足了，當然也沒問題。我們在討論的是，什麼策略對你來說最有用、最能使你滿意。這是關於自我利益的——是受到啟蒙之後的自我利益，但都一樣是自我利益。

這不是關於如何犧牲自己以照亮別人。這是關於如何在利己的同時，也能利人，並且是以你自己的價值為標準。

幫助別人得到想要的東西不僅能讓你有滿足感，這同時也可以是非常有利的。畢竟，資本主義的真諦就在於此啊。

策略：有些人藉著幫助別人解決相同的問題，就將水加滿了。

珍妮絲所服務的部門，是在幫助那些壯年卻已罹患阿茲海默病症的人，來解決他們工作上的困難。「這個病是沒有解藥的，」她說，「但是我們已經解決了一些小的難題。我所提供給他們的幫助，以及他們所給予我的支持，遠遠地超過任何我在工作中所得到的報酬。」

將水加滿有無數種方式，我們在本書中將會對其他的途徑做一番檢視。

第五章　先將別人的水加滿

如果你是一位經理，很常見的情況是，在你為自己加滿水之前，你得先為部下們將水加滿。就如同你會有很多人事要處理一樣，將水加滿的方式也有很多種。尤其是你會遇到很多人認為自己的工作與現實相距甚遠。而很顯然地，那些能夠幫助你和我的方法，應該也同樣適用於他們。

但是身為一位經理，一個領導者，你手邊還有其他的工具可供利用，像是激勵與獎賞的制度。

當你的部下認為工作沒有意義或是無法滿足他們的時候，你要怎麼辦呢？當他們對自我提出疑問：「我為什麼在這裡浪費我的時間？」的時候，你又應該怎麼辦呢？這時，金錢通常不是一個適當的解答。

華倫巴費（Warren Buffett，譯註：從事股市投資，是比爾蓋茲之後第二大全球首富。）宣稱他事實上只有兩項工作，第一是分配資金，「第二是幫助十五到二十個高階主管來維持一群積極的員工。讓他們在經濟無虞的情況中還能對工作有熱情。在我們所擁有的四分之三的經理當中，全都是在經濟上十分闊綽的，而我的工作就是在幫助我的高級主管、來使這些經理仍然精力十足，可以在早上六點就從床上跳起來，然後以其剛入行、生活還拮据的時候所擁有的熱情，來從事這份工作。」

你手下的員工可能還沒有那麼富裕，但是很少人會因為錢的關係，而在清晨六點就從床上跳起來。我們可能會賴床賴個半天才起來，但絕對不會跳著起床。所以你要如何為你的屬下將水加到那麼滿，讓他們擁有同樣的狂熱和活力呢？

歡迎進入黃鼠狼的制度中

推銷員的動力往往來自於擁有一個目標，以及一個判斷其進程的方式，還有達成目標的獎賞制度。若要使他們長期地充滿動力，其目標與獎賞對他們來說，必須要有足夠的意義以及可行性。而如果他們對結果越有掌握的能力，這制度就越好。你和我都一樣是人，你的部下也是。而在另一方面——

一家大型的金融服務機構「在一連串的研究之後，還是無法針對一個問題找出解答」。這個問題是他們許多最優秀的人才婉拒了升遷的機會，或是轉向別處薪水較少的公司就職。他們實在應該跟員工好好的談一談。

「這家公司老愛吹噓其用人為才的制度。」一位名為強納生的金融專員如此說道；「而的確也有一些相當優秀的人才，在其中飛黃騰達。但是往往用人為才的制度卻變成了幸運與否的制度。很多擁有多年優秀服務經驗的人才，因為所屬區域的經濟走下坡便被降級。跟一群被降級的前任經理一同工作，很難讓你對自己的機運具有信心。而更常見的情況是，一些表現拙劣的白痴只因為在一個經濟稍見好轉的櫃檯工作，就得到升遷。」

「我拿到了一個商業管理的碩士，」另一位金融專員比爾補充道：「學費還是好心的公司付的，但是我覺得學非所用，起碼在這裡用不上。我已經婉拒了三個升遷的機會了。」強納生還沒有完成他的商管碩士學位，要不然他會知道這間公司基本上既不是用人為才的制度，也不是幸運與否的制度。事實上，這是一套黃鼠狼的制度。「很多我們所謂的主管，之所以爬到他們現在的位置，是因為他們出眾的**跟屁蟲**技巧。他們很清楚應該在什麼時候，跟什麼人走：永遠能在適當的時候，拍適當的馬屁。他們的地位穩固是因為他們從不冒險、也從不抓住任何的機會——他們從沒有真正地領導過任何人。」

強納生點點頭：「拿現在這個部門的總經理來說吧，他之前的老闆（也就是我們的前任副總裁）留著小鬍子，穿三件式西裝，戴細邊眼鏡，並且以守時為第一要務。而巧合的是，我們的總經理就完全照做不誤。」

「當他們一同走進來的時候，兩個人就像是孿生的阿呆與阿瓜。」比利補充道。

「這樣無恥的情況你今天是看不到了，後來因為要換新血的緣故，副總裁被降級。接下來我再看到總經理的時候，眼鏡已經由隱形眼鏡替代，小鬍子也不見了，而守時的觀念也被丟到九霄雲外。幸好我們的新上任的女副總裁很愛穿褲裝，要不然這位獨特的『領導人』，可能就要開始穿洋裝和絲襪了。」

「而他們還是想不通，為什麼這間公司的晉升管道，通向的是出口的大門。」比利喃喃地抱怨道：「有人曾經說，要毀掉一間大企業需要相當的聰明才智和多年的經營籌畫。愚蠢和騎牆草同樣也可以達到相同的效果。」

代名詞的測驗

很多人都在談論領導才能。而我們也都知道領導者是需要遠見的。以日本企業家、國際牌的創辦人 Matsushita 為例，在一九三二年的時候，Matsushita 對他的一千一百位員工說：「一位製造商的任務，是在於征服貧窮、將整個社會從悲慘當中拯救出來，然後帶來富裕和繁榮。從今天開始，這個遙不可及的夢想、這個神聖的使命，將是我們的理想以及我們的任務，而使這個美夢成真，將是我們每一個人的責任。」

對於 Matsushita 概念中的一個製造公司的使命，你當然可以不同意。你可以在國際牌是否曾真的試著完成這個理想的議題上，提出辯論。但是你所不能否認的是，這樣一個清晰、戲劇化的任務宣言，足以使員工認為他們所付出的努力是值得的、他們所貢獻的心血也沒有白費。而且你也不能否認，國際牌的確成功地成為世界上最大的一家電子製造商。

這宣言至少比一間家具製造商的老闆所提供的要好得多了。

「遠見？」他的副手懷疑地說道：「他根本對於公司的方向一點概念也沒有。但是他對於自己願意做到老、以及拖著我們其他人也一起跟著做到老這件事，卻非常地驕傲。」

而珍妮特霍桑則是為一家香煙工廠工作。「若是要說到那些高貴的理想啊，他們的任務宣言讀起來就像是聯合國憲章。看起來根本就像是傑佛遜或是泰瑞莎修女寫的一樣。但是對於這一間工廠來說，這根本就是一個低級的笑話，而每個人也都是這樣對待它的。」

小祕方： 沒有實質作爲基礎的遠見，就不是遠見，而只是幻覺。幻覺是沒有辦法作爲長遠的驅動力的。這比沒有遠見更糟糕，因爲它能製造厭惡感、引起偏激的心態。

而遠見是一條雙向的道路。它從上層階級那裡傳達下來，但是它也應該從公司的每一個員工身上浮現。每一個員工都應該對自己人生的遠景有所勾勒。

這兩幅遠景越相容，總和的力量也就會越強大。

人們是很喜歡成為特殊團體當中的一分子的。讓他們覺得他們是屬於一個偉大的團體，是一個團隊中的一部分，可以長長久久地為他們將水加滿——也可以將你杯中的水加滿，並且為公司將水加滿。當他們對團體的歸屬感與其人生的遠景交融在一起的時候，這個任務就越容易達成。

美國前任勞工黨秘書羅勃瑞其〔Robert B. Reich〕曾談及他所謂的代名詞測驗。他詢問員工對於其公司的看法。「如果我得到的答案是用他們來形容這間公司的話，那麼這只是一個特定的公司。而如果答案是用我們來描述的話，就另當別論了。」

團隊的運動

往往有許多企業讚揚團隊合作，卻製造許多狀況來摧毀所有可能的團隊精神。

小祕方：如果你不讓工作成為一種團隊運動的話，就不要希冀會出現合群的人。

如果你希望看到團隊合作，卻建立起勝者為王、敗者為寇的競爭制度，那你就不會得到團隊合作的結果。至少在這些員工裡不可能出現。

如果有些員工要比同隊中的其他同儕、都要來得更加辛勤工作的話，他們會怎麼想呢？尤其是那些工作量少的人剛好是領導者的話，你又會怎麼想呢？

而且，雖然我的執行長朋友們都不太想聽到這樣的事實，但是獎賞制度的確有其問題存在。在一九九〇年，執行長平均的薪水是員工平均薪水的四十五倍，但是到今天卻成了四百五十倍。當公司在賠錢的時候，執行長們的收入卻高達七千萬美金。當公司未達到財測目標的時候，執行委員就會修正財測目標，好確定高級主管能得到他們的超級紅利。商業作家查爾斯莫理斯（Charles R. Morris）將之稱為「對低能經營者的一種救濟制度」。

「執行長去年拿了一千萬美金，而我只賺到兩萬九千美金。」這是一位平凡員工的心聲，「這很清楚地說明了他對自己的評價以及對我的評價。如果我們都像他所要求的那樣做牛做馬的話，明年我可能還是只能賺到兩萬九千美金，但是他卻會有兩千萬美金入袋。如果我們根本不屬於同一國的話，我們要如何算是在同一個團隊裡呢？」

「我們的經理們每天的決策重點，很顯然都是在於其福利制度、其股份多寡之類的事情。而不是著眼於對公司有利的政策。」一位大型藥廠的員工這樣談到。

在美國 AT&T 新總裁剛上任九個月之後，其執行委員會就將之解僱。其原因在於他「缺乏智慧型的領導」。他的資遣費價值兩千六百萬美金。對我來說，工作九個月就能拿到兩千六百萬美金的資遣費，實在是高智慧的證明。而對於這些執行委員來說，對方工作九個月就付出兩千六百萬美金的資遣費，似乎不是「智慧型領導」的好典範。

而在另一方面，矽谷的高科技公司卻能招攬、並留下最優秀的人才。他們的方式是與所有的員工分享股份，不祇是高階主管而已，有時連門房都能分到一杯羹。琳恩派克是派克公關公司的老闆。這間由二十二人組成，位處於西雅圖與華盛頓的公司，將百分之四十的紅利都分配給員工。你只要工作六個月之後，就能享有公司的股份。在過去六年中，只有六個人離職。「如果你的員工無法擁有公司的股份，」她說，「那他們遲早會離開。」

小祕方：當團隊贏了而我卻沒贏的時候，那我就不在這個團隊裡。而且應該只要一回合的交手，我就足以認清事實了。

被延宕的旅程

對部下不忠實的主管，怎麼能要求他的部下對他忠心耿耿呢？那些老在抱怨員工缺乏忠誠度的公司，通常對於贏取忠誠度這檔事完全撒手不管。他們只是一味地向員工說謊、要求那些從未給予回報的勞力與奉獻、不時地迴避他們的質疑，然後以拯救公司的名義在榨乾他們之後將他們丟棄。就像是比利和強納生抱怨的那家公司所採行的黃鼠狼政策一樣，他們會不時地將表現最好的主管丟到有問題的部門去。這也就罷了，但問題在於，這些主管要面臨的是缺乏彈性的紅利制度、以及一套殘缺的系統。這意味著他們要做的是拯救公司的艱辛工作，換來的回報卻是薪水被大幅調降，而如果他們無法妙手回春的話，他們的業績評等也會留下表現欠佳的紀錄。

而高階主管還是搞不清楚，為什麼公司上下不能團結一心呢，為什麼他們的轉業率會是同業中最高的呢？

在南北戰爭的時候，一位記者詢問尤理西斯葛藍將軍〔Ulyssess S. Grant〕，他要花多久的時間才能攻進維吉尼亞州的首府利其蒙，「我想大約四天就夠了，」葛藍回答道，「但是如果李將軍不同意我們的協定的話，這趟旅程無疑地將會被延宕。」

西尼霍曼〔Sidney Harman〕是霍曼國際公司的總裁，他們專門製造高品質的音響設備。「我們所吸引的人才，長期下來會相信這間公司就是他們的公司，而他們也將會為公司付出所有的心力。」他這樣跟公共電視的「企業大作戰」節目說道：「當人們願意付出所有的時候，豐沛的生產力將會超出你的想像。」

為了讓員工認為這就是他們自己的公司，霍曼國際儘可能地避免裁員的舉動。當訂單都已完成時，公司會試著讓生產線的員工有事做，比如說從事安全、維修以及重新規畫的工作，而不是一味地縮小編制。他們的薪水是一般的水準，但是完整的員工福利讓霍曼國際保持其優良而忠誠的生產力。

為了保持管理階層與生產階層的溝通管道暢通，每一個主管每月都會巡視生產線。西尼霍曼也不喜歡任用短期的員工。而且公司裡也沒有所謂的長期臨時工。如果一個臨時工待得夠久的話，就可成為正式的員工，享有完全的福利。

在當前的社會裡，這樣的制度可能會被認為是很不切實際的模式。也有可能是太實際了以至於過了時，讓其他的公司都不願循此途徑、腳踏實地。無論如何，霍曼國際已成為企業中的佼佼者，每年的營收都高達十四億美金。一位資深的副總裁艾德波依曾說：「我曾在四間企業裡服務過。到目前為止，這是我所合作過最能振奮士氣的一家公司。」

這才算是一個團隊啊！

了解他們在想什麼

最近一份研究顯示，「管理階層若能了解個人與家庭生活的重要性」，就能創造出員工的忠誠度。這份報告也發現，如果在上班時間中，若允許員工得以處理一些個人的事務——即使那只是打幾通私人的電話——他們對工作會來得更有熱情。

而在另一份關於執行長的調查研究中，只有百分之一將「幫助員工達到工作與生活的平衡」視為十分重要的課題。當然囉，這可能不是最重要的議題，但是主管們最好別忽視了。還有另一份研究，是由AT&T、全錄、美國運通以及IBM等企業所贊助，由家庭與工作機構〔Families and Work Institute〕所執行的一份調查，顯示出百分之三十八的員工認為，若員工將個人或家庭的需求放在工作之上，他們便不會受到老闆的欣賞。

小祕方：若主管認為屬下會將工作放在第一位，而將自己以及家人的需求放在第二位，那他就不適合做一位主管。

根據聯合通訊社關於家庭與工作機構的報告指出，「描繪了一個辛苦員工的圖象。他們要艱辛地在工作與家庭生活之間取得平衡，卻又要在工作上極力尋求優良的表現。」

就如同AT&T的發言人柏克史蒂生〔Burke Stinson〕所說的：「這份研究證明了我們長期以來所相信的一件事。」當員工能有較大的自由空間來處理家庭生活，生產力將會不降反升。「當員工覺得他們得到合理的待遇時，也會以同樣的態度來回報他們的老闆。」

而諸如員工安全感、彈性工作時間以及團結和睦的工作關係，也能減低精力的耗損、增加忠誠度，並且創造更多的熱情。

當然囉，每次一有這樣的研究問世時，我們不禁就要問，為什麼這些老闆非得要花錢贊助這些研究工作，才能了解員工在想什麼呢？

簡單的道理

主管們絕對不要忘了這些簡單的道理：

1. 不要奢望你的員工所擁有的目標和藍圖，能比你所提出的視野更為遠大。
2. 如果你的員工覺得公司是在佔他們的便宜，他們也有可能會去佔公司的便宜。
3. 不要希望你的員工會比你更有操守、更有道德。即使你從來沒有做對不起他們的事，如果他們發現你在佔顧客的便宜，那麼他們為什麼不能佔你的便宜呢？

麥可錫佛勞斯

小祕方：凡事要以身作則。

麥可錫威士堡（Maxie Weisberg），也就是眾人口中的麥可錫佛勞斯（Maxie Flowers）在明尼蘇達州的聖保羅從事賭馬事業有四十年的歷史。政府欲以賭馬的罪名起訴他，但是他堅稱，他的事業跟國家彩券比起來，實在壞不到哪裡去。

「有什麼差別呢？」他問道。

麥可錫的確是看不出差別在哪裡。而正因為如此，心裡分析家和法官判定，他沒有能力分辨是非，所以政府不能夠對他起訴。

如果那邊的冬天不那麼冷的話，我也會好好地考慮要不要搬去明尼蘇達州，以從事賭馬這一行，因為我也實在看不出其中的差別。對我來說，這就好像是政府因為麥可錫侵入了他們的賭博事業，所以才要控告他。

當然啦，我只是在開玩笑。任何一個正常人都可以分辨出非法賽馬與國家彩券之間的差別。麥可錫的對象都是那些自願上門的傢伙。他可沒有在電視上、廣播中做大力的宣傳，並且誘惑那些根本沒有本錢賭博的人。而且，麥可錫一定認為跟他賭，贏的機率要比贏彩券的機率高太多了。

讓我再重申一次，凡事要以身作則啊！

這並不表示你不能對員工負以太高的期望，或是不能協助他們對自己有一番期許。這只是在說你也要對自己有嚴格的要求。

追求幸福嗎？

如同我所說的，幫助你的屬下將水加滿，是管理當中非常重要的一環。而將之當作你的目標之一，也可以長長久久地為自己的水杯加滿水。為你的部下奮鬥，傾聽他們的聲音。同他們解釋你對他們的期許、以及這分工作對公司和他們都是多麼的值得，然後將資源交到他們手上、提供協助、精神支持以及回饋。這樣他們才能成就出一番你會引以為榮的事業。幫助他們達成目標，並且使之與其心中的遠景相協調。

在生命中，幫助別人成長與成功是一件非常值得慶幸的事。尤其是當你能幫助他們建立起成功的信心時。

小祕方：幫助你的部下更加充滿自信。

大衛梅爾斯〔David Myers〕是霍普學院〔Hope College〕的心理學教授，也是《幸福的追求》〔The Pursuit of Happiness〕一書的作者。梅爾斯說：「你的幸福指數就像是你的膽固醇一樣。兩者都受基因所影響，然而在某一個程度上，兩者也都可由你自己掌控。」無疑地，自信對於快樂來說是最重要的一個因素。在一群自我嫌棄、或是有自殺傾向的人當中，你大概很難看到歡樂的蹤影。幸福與否也跟健康、智力、以及是否能掌握自己的人生很有關係。

部下們的健康大概在你的職責之外，對於他們的聰明才智，你或許也插不上手。但是關於他們對於職場生活是否能擁有主控權，這是你可以使得上力的地方。而且你通常也可以讓他們變得更有自信。

也就是說你有能力讓別人更快樂，在某個程度上來說。這是另一個我們都知道、卻無法牢記的道理。歸根究底，我們都有這種能力，而身為一位主管，你的能力就更高一層。

小祕方：讓你週遭的人快樂，你就會被一群快樂的人包圍當我們被一群快樂的人包圍的時候，我們通常就會更快樂。

紅蘿蔔與鞭子的差別

每一位經理和每一個機構，都會在如何授權及強化組織的議題上高談闊論。「他們宣稱他們信仰的是紅蘿蔔、而不是鞭子的管理方式。」一位卸任的經理這樣描述著之前的老闆。「但是很多人好像都被這根紅蘿蔔侵犯了。」（「被侵犯」其實是我的說法，他所用的那個字眼，其實更有視覺性，而且想像起來會很痛苦。）

他給我看了幾張之前同事寄來的名信片。有一張這樣寫著：「只有品行端正的人，才不會受鞭笞之苦。」另一張則引用史蒂芬懷特的話：「不論你怎麼做，別人永遠都有一張嘴可以說。」

這使我想起了幾年前，一個財富前五百大企業的副總裁，邀請我參加一個企業管理會議，我並做了一場演講，題目是關於充分授權的益處。這場演講得到不小的迴響，副總裁自己深受啟蒙，馬上就跳了起來告訴他的部下，他們從那一刻起都應該被充分地授權。「不然的話，相信我，你們的工作就不保了。」他義正辭嚴地補充道，「只要確定你能先告訴我你要做的是哪些事。」

「他只是在授權他們，除了聲明自己是充分授權之外，不要去做任何的事。」另一位演講者這樣悄悄地跟我說。

「不盡然，」我說，「他是在命令他們，要宣稱自己是充分授權的。」

不要將你的部下當作工人，要試著將他們當作夥伴來對待。如同布克華盛頓（Booker T. Washington）所觀察的一般：「要幫助一個人，就是將責任託付給他們，並且讓他知道你信任他。」

「管理之道是很簡單的，」一位得過獎的經理這樣說，「我創造動機、小小的獎勵、以及表揚會議。我對部下有信心，而且我也讓他們知道我對他們多有信心。我讓他們想要努力地達成我的高標準，而且我也給他們自由的空間好達成這樣的目標。」

我們都需要被讚賞。有一則笑話是關於一個傢伙被困在一個荒涼的小島上。有一天他走在海灘上，然後發現了另一個女人被海浪沖到海灘上來。她看來情況很糟，當他接近的時候，她已停止了呼吸。很快地他對她實行口對口人工呼吸，幾秒鐘之後，她恢復了過來，並且張開了眼睛。「你救了我的命。」她感激地說著。

她將臉上的頭髮往後撥，這時他才發現，他是跟最紅的電影明星、也是當時最知名的大眾情人困在同一個荒島上。為了避免引起不必要的爭議或訴訟，我們暫且稱她為塔茲瑪里拉緹索茉。

時間就這樣過去了。溫暖的島上有源源不絕的水果，他們建了一座舒適的小屋，這裡就像是伊甸園一樣。塔茲瑪里拉深深地愛上了他，做愛成了兩人最主要的娛樂。然後有一天，她發現他有點悶悶不樂。她問他在這天堂一般的世界裡還有什麼不滿足的？

「有什麼我可以幫得上忙的嗎？」她問道。

「這個嘛，事實上，」他回答，「妳的確可以。」

「我什麼事都願意做，親愛的。」

「妳可以穿上我的襯衫嗎？」

這使她非常困擾，但是她還是說，「當然可以，」然後便把襯衫穿上。

「現在妳可以穿上我的褲子嗎？」

「沒問題，如果這樣你會比較高興的話。」

「很好，現在穿上我的外套，然後在妳嘴上塗一道鬍鬚。」她也跟著照做了。然後他說，「現在，妳可以開始沿著海灘、繞小島走嗎？」

她於是開始走了起來，而他則朝另一個方向走去。十五分鐘之後，他們在小島的另一端遇見了。

他衝向她，一把抓住她的肩膀，然後說：「老兄，你一定想不到我是跟誰睡在同一張床上！」

我們都需要讚美與肯定。多讚美你的部下吧，幫助他們發掘自我的價值與潛力。

小祕方：馬克吐溫說，偉大的人可以讓你覺得你也能一樣地偉大。讓別人覺得他們也能有所成就，雖然你也許不會因此成為偉大的人，但是你會得到很好的績效。

當艾莫利航運公司〔Emery Air Freight〕開始鼓勵主管在提供建議的時候，運用積極的態度時（也就是讚賞員工的表現而非強調負面的部分）顧客服務的品質提高了，而業績也提昇了。在實行這個新制度的三年之後，這間公司增加了三百萬美金的收入。

每天一百個不受監督的決定

當員工能夠做自己、能夠全心投入、能夠貢獻出自己想法的時候，他們的表現會達到最佳的狀態。平均說來每一個員工一天都要做出一百個不受監督的決定。如果他們每下一個決定都要提心吊膽、小心翼翼的話，他們就會到處碰壁。

凱特理絲〔Catalyst〕是一間非營利的機構，致力於提昇女性的職場地位。他們受託做了一份研究，調查在上班族心中，工作裡最重要的是什麼事情。在這份名單中，名列前矛的是一些情感上的因素，像是主管的支持、工作的自由度，以及對於工作的掌握程度。

小祕方：金錢上的報酬是很重要的。但是你沒有辦法買到忠誠、買到熱情、買到犧牲奉獻的精神。你要下一番苦工才能贏得別人的心。

最大的紅蘿蔔

策略：一個推銷員的薪水是取決於他的業績。當你想要為你的部下將水加滿的時候，你可以考慮給他們一部分的紅利，甚至讓他們分食這一塊企業的大餅。

一份密西根大學的研究顯示，那些讓員工享有股份的公司，比同類傳統的企業要多出一倍半的營收。讓大家都有份，每一個人就會想辦法再為公司多賺一點。

根據美國薪資調查協會的報告，美國百分之六十三的公司現在都在使用紅利之類的誘因、以及其他利潤共享的制度，來根據員工的表現以發放薪水。在一九九〇年的時候，只有百分之十五的公司這樣做。

在三分之一的企業中，管理階層之下的員工都能有拿到股份的機會。在矽谷，他們將公司分成兩類，一類是具成長性的公司，會提供股份的選擇讓員工取得紅利。另一類則是貪心的公司，就是指那些不這樣做的公司。現今可能有一種新興的階級，可以稱之為「工人資本家」，也就是有難同當、有利共享的員工。

馬克思若聽見這樣的事，應該會很高興吧。或是會被嚇一跳呢？這我就說不準了。

「人們可不是以工廠工人的身分來工作的，他們是企業的擁有者。」一家喬治亞州的工廠經理麥可史蒂匹斯維克(Michael Stipicevic)，這樣跟洛杉磯時報說道：「他們說的是，這是我的機器，這是我的工廠。」這間工廠的利潤共享計畫，已製造出許多源源不絕的開源節流專案，而第一年所省下來的開銷，有一半都回到了員工的口袋。

小祕方：以溫柔的態度提供最肥美的紅蘿蔔。

珍珠港事件檔案

嘉獎你想要鼓勵的行為。不要宣稱你希望的是長期的計畫，然後根據短期的表現來提供紅利。如果你對那些亦步亦趨的員工讚賞有加，就別希望他們會有創造性的思考。不要一邊擢昇那些將事情弄得更為複雜的人，而又希望工作的程序能更簡化。

小祕方：獎勵成就通常要比獎勵行為來得有效。盡可能地設定可以量化的目標，一路上追蹤這些目標的進程，然後以成就作為獎賞的標準。

以員工個人所喜歡的方式來獎勵他們：交與更多的責任、更多的表揚、偶爾拍拍他們的肩膀、額外的補貼以及更多的隱私權、更多的自由、更多的挑戰，或是更亮麗的辦公室、更多參與決定的機會、更炫的頭銜、更寬敞的停車空間、提供更多的幫手、更彈性的時間，以及更多創造性的機會。即使一次與你共度午餐的機會，對一些人來說都可能是很有意義的獎勵。當然對某些人來說，也可能是最慘的懲罰。

額外的訓練可以是特別有效的獎勵。這顯示了公司對員工的未來也盡了一份心力。而且這等於是給了一份他們會直接回報給公司的獎賞。

絕不要好壞不分地全都獎勵。在格瑞那達戰役中(Grenada：西印度群島的小國)，美國政府頒發的獎牌比參與此役的士兵還要多。很少人會對他們從格瑞那達之役所獲得的獎狀大肆宣揚，也不會把它裱起來、掛在壁爐的上方。

我認識一位主管，他喜歡寄出一大堆「你真是太棒了」的卡片，每一個人都有一張，不管你做了什麼。所有的卡片都一樣，沒有一張提到任何獎賞的理由。

「他大概是在家裡就都填好了，然後寫上每個人的名字。」他的屬下想道。

這些卡片大都被倒進了垃圾桶。但有些人的確會保留下來。就像是「珍珠港事件檔案」一樣，他們將之保存下來以對抗那些可能出現的懲戒、甚至遣散行動。而在這些人當中，有越來越多的人保存著珍珠港事件的檔案。雖然從老闆口中聽到的都是他們有多棒，但是他不誠懇的名聲已經遠播，以至於沒有人相信他。

喬治布希（George H. W. Bush）有一次結束了成功的歐洲之旅，在返回的飛行途中，他親自為其隨行人員，寫了四十封感謝函。當他們在一起比較這些感謝函時，他們發現每一張卡片上面寫的都不一樣。對我來說，這麼大量的卡片可能無法真正地傳達誠意、甚至會使每一張都失去了價值。但是我猜這四十位隨扈，一定很珍惜他們各自的那封感謝卡，甚至還保存下來呢！

策略：讚美那些值得被讚美的人。並且使每個人得到的讚美都不一樣。當不同的人重複地收到相同的讚美時，會給人一種虛假的印象。

小祕方：對行為發出讚美，而不是對個人的人格表示讚賞。

「天啊，你真是太天才了。」這樣的讚美很浮泛，甚至可能令對方尷尬或是聽起來很不誠懇。但是，「天啊，你今天在會議中提出的點子真是太聰明了，」聽起來很真誠，而且也比較不會讓對方覺得彆扭。

霍桑效應

這個現象是在一九二四年第一次被人注意到——推銷著「你可以」精神的大師赫伯忽佛（Herbert Hoover），在那幾年之後便將全國的經濟帶向了大蕭條的階段。當時在伊利諾州的霍桑市，艾爾頓馬友（Elton Mayo，譯註：人類行為動機的研究學者。）針對一家西部的電子工廠，做了燈光與生產力的實驗。他將工人分成兩個族群，對於實驗的那一群，他將其工作區的照明提高，生產力上升了。對於另一個控制變因的族群，照明程度則不變，生產力也照樣上升。

這樣的結果使得馬友十分困惑。於是他再嘗試做另一個研究。他選了一群女性員工，給予她們規則的休息時間、並由公司支付午餐，而且增加了她們的年假。生產力因此上升。十八個月之後，這些額外津貼都停止了，而生產力卻再次地上升。

小祕方：要對你的員工用心。

你可能永遠沒辦法讓部下在清晨六點的時候，就從床上跳起來，歡欣鼓舞地上工去。但是當他們抵達的時候，你可以讓他們高興一點、更有生產力一點。而且你也可以避免他們詢問自己，「我為什麼在這裡浪費我的時間？」

當然永遠會有執行長之類的管理學派，不斷地告訴《財富雜誌》，「當人們有能力承受痛苦的時候，就表示你的領導有方了。」如果這就是你的信仰，而你認為這能為你加滿水，那麼我在這裡祝你幸福。因為有一天，你的確需要有能力承受痛苦。

第六章　自我評價：一篇冗長的演說

如果你對自己有較好的評價，如果你的自視越高，你可能會成就更多些。積極的思考者在這一點上可能是對的。只是他們許多人都忘了這只是可能而已。如果你認為你可以，你就辦得到。

在一個晚餐的場合上，一位相當知名的、過度樂觀學派的導師，坐在一位剛剛被擢昇的年輕企業主管旁邊。在晚餐之後，這兩位都被安排了演說。當他們在吃飯的時候，大師對這位才剛被啟蒙的同伴說道，每一個男人或是女人都是自己命運的主宰。

這是我們每一個人都願意相信的事。而且似乎我們越成功，越容易相信這樣的事。這也更加強了我們個人的優點：「我們之所以會成功，是因為我們是好人、而且我們努力工作。這跟幸運與否一點關係也沒有。」但是，這一位剛升級的年輕企業主管，顯然並不買大師的帳。

「你不認為你今天的成就是自己攢來的嗎？」大師驚訝地問道。

「一大部分是吧，我自己的努力可能是最大的因素。但是我也可能還是扮演我自己的角色、做我曾經做過的每一件事，卻還是與這個職位擦身而過，或根本就功敗垂成也不一定。我得承認這一路走來，是摻雜了一些運氣，發生過一些幸運的意外。」

「運氣和意外是那些失敗者的藉口。」這位大師堅稱道。由於他說的話不幸地與這位得志少年的想法有很大的落差，於是他用力地揮舞著手臂以強調其重點。這時推車的小弟推過來一車的水杯，大師伸出的手臂將其中一杯的水都弄翻在自己身上，剛好會議的主持人正湊近麥克風，在介紹他出場。他在講台後方將整場演說做完，所以很少人注意到他又濕又冷、並且很不自在。可是，這場演說仍然沒有達到他一般的煽動標準。

接下來，就輪到那位年輕的主管發表演說了。他從演說台後頭走出來、走向主桌之前。「意外是會發生的。」他如此開頭道。他拿起一杯水，舉得老高，然後讓它倒向一邊，好像水就快要流出來一樣，然後他將水杯舉到穩坐在主桌位置的、這間公司總裁的頭上。總裁往上看了一下，而觀眾都不安地竊笑了起來。然後這位主管走了下來，將水杯舉在每一位滿臉困惑的高層頭上。

「在每一個人的一生當中，一定都會下一點雨的。」這位主管繼續說著。他轉向觀眾，然後慢慢地將水倒在他自己的頭上。不僅弄濕了自己、也弄濕了那一套顯然十分昂貴的西裝。觀眾都嚇了一跳，然後這驚呼轉變成一陣又一陣的笑聲。「但是雨也祇是雨而已。他們說，只要一小瓢水就足以讓你翻船。我們大多數人常常不需要什麼大洪水、而只要幾瓢水就足以被淹死了。」

「但真正遇到大洪水的時候你怎麼辦呢？」那位被激怒的大師大聲問道。

「游泳啊，盡你所能地一直游下去。」這位主管微笑著，「一點點水不應該構成問題的。但是假裝沒事的話，是於事無補的。」

過度樂觀的積極思考者說，如果你認為你可以，你就辦得到。我說，如果你認為你可以的話，你成功的機率要大得多。如果你認為你不行的話，那顯然是畫地自限。

但是讓我們再更腳踏實地一點。

「環境？」拿破崙對此嗤之以鼻。「環境是什麼東西？環境是我創造出來的。」他的確做到了，在某一個程度上，至少有那麼一陣子。直到環境和過度自信淹沒了他。

小祕方：如果你是絕對、百分之百的積極，對於某事完全沒有一絲絲的懷疑，那我建議你應該再好好地想一想。

「別這麼死腦筋了。」那些積極思考者這樣跟我說。但是我回應道，之所以有那麼多人無法保持他們所被要求的積極態度，就是因為他們老是對情況過度樂觀。這也是為什麼有那麼多人都嘗試過、然後幻滅，接著快速地消失。因為他們發現事實跟他們所被告知的情況並不相同。

在以現實為基礎的適當積極思考、和簡單化、魔幻化、卻廣為流傳的積極思考之間，存在著很大的差距。有堅定的信心是很不錯，設定目標也很好。但是沒有基礎的信心和浮泛的目標設定，卻只會讓我想起某種誦經班。他們認為只要他們夠虔誠、夠頻繁地重複某一些音節，他們就能得到他們所唱頌的目標。想要一輛新車嗎？吟誦吧。如果你的信仰夠堅定、而且吟誦地夠久的話，你就會得到一輛車子。不需要任何的工作，也不需要任何針對目標的努力，你只要吟誦就好了。

你在光譜上的位置

你如果相信你不行，那你就真的不行。但是我們許多人都無法將水加滿，無法在我們認為應當的職場生涯裡安身立命。因為我們缺乏自信。

有些自我輔導的書籍，會告訴你說，你是一個有價值的人，所以你應該對自己擁有信心。

我不會這樣跟你說。你對你自己的了解、遠超出我對你的了解。你的確是的，追根究底，這個世界上最了解你的人，就是你自己了。而如果你覺得自己一無是處，我又怎麼能反駁你呢?也許你知道些什麼我所不知道的事情。

很顯然地，你對你自己來說，就是一個有用的人。你是你所唯一擁有的東西。但是你對於我們其他人的價值，端賴於你能為我們做些什麼。

對於我們來說，你最近做了哪些事呢?也許，並不太多。所以從「我好、你也好」的說法來看，也許你並不是那麼的好。也不是所有的人都好的。這個宇宙製造過像希特勒這樣的人，他可是一點也不好。而且我也還是不確定，像匈奴王阿提拉這樣的人，算不算是好的。對我來說，在善惡的光譜上，有這些極惡的人，也有那些將腎臟捐給陌生人、以及像泰瑞莎修女之類的人。在極善與極惡之間，我們可以看見墨索里尼、卡彭、尼克森，以及將養老年金賣給一個完全不需要的可憐小老太婆的推銷員，或是一個沒有耐心而闖紅燈的駕駛，不僅把在十字路口的人都惹毛了、甚至還可能危及到別人的生命。

繼續在光譜上前進，我們會看到有些人不時地會將錢施捨給需要幫助的人，有些婦女經常會將錢捐給慈善機構，還有些義工每個月會撥出幾小時幫助流浪漢等等。我們大概都屬於光譜上善的那一端。而雖然我們大部分的人不至於極惡如希特勒、也不至於極善如泰瑞莎修女，但是我們在生命中，的確不時地在這兩端擺盪，在不同的日子、甚至在不同的時間中。

很顯然地，我們的價值觀都不一樣。所以我們每個人對於善惡的觀念也都各異。

小祕方：如果你想要改善你對自我的評價，試著努力去贏得它。蘇格拉底說：「最接近光榮的道路，是努力成爲你想成爲的人。」這也是最接近自尊自重的一條道路。

試著依你自己的標準成為一個更好的人。也許那樣你就會對自己更有信心。也許那樣你就會相信自己是一個有價值、有用的人。

改善產品、形象也會跟著改進

我是很相信自信這一件事的。很多人在還沒開始之前就畫地自限了。他們之所以沒有辦法成功是因為他們認為自己辦不到。而積極的思考也是一件美妙的事情。人們說悲觀的人只有一個好處，那就是可以跟他們借錢。因為他們並不期待這筆錢能拿得回來。

但是過度樂觀的積極思考、以及自我評量中過度樂觀的態度，都是一九五〇年代行銷方式的一種衍生品：那時他們認為，改善人們對於一個產品的看法，要比改善產品來得容易多了。

「我們先別擔心改造你，好讓你成為一個更好的人，希特勒先生。讓我們先讓改善你對自己的評價，也許這樣你就會變得更好了。」

是的，在大多數的情況中，只有當你相信自己辦得到的時候，你才會成功。人類的潛能就在於，你永遠、永遠別低估了自己的能力。而如果你是一位經理的話，你也會希望你的部下不要畫地自限，你會希望能幫助他們了解到、他們的能力是多麼無遠弗屆。

但是，對於你自己來說，如果你對自我的評價不高的原因，是因為你無法達到自己的標準，那麼改善此評價的最好方式，也許是改善產品本身，也就是改進那個不受到你尊重的自己。這樣做之後，也許你對自己的評價也就會跟著改善了。

小祕方：現實是很重要的。

一個好的產品是很容易推銷的出去。尤其當推銷的對象是你自己的時候。

第七章　加滿、加滿、再加滿——更多的技巧

不管是半滿的、或是半空的杯子，都有許多方法可以將水加滿。重要的是去發現將水加滿所需要的工作，然後就出發去完成這項任務。

「對我來說，這不是關於我沒有擁有我想要的人生。」艾琳娜亞當斯，一位國際諮詢顧問公司的總裁這樣說道，「我根本沒有人生可言，我的日子完全被無限的工作、以及像是曼哈頓電話簿一樣大小的工作日誌所填滿。」

艾琳娜如何將她的水杯填滿呢？「我發現完全不加思考的持續動作，不應該是我工作的重點，要達到成功才是重要的。」

在我們最近一次的交談中，她說：「我的表現如果越好，我就做的越少。」

工業大師彼得德拉克〔Peter Drucker〕曾說，有效率的意思是指，以對的方式做事情，並且做對的事情。但是我們當中有多少人，會像是德拉克有一回跟我說的那樣：「我們都太忙碌了、以至於一事無成。」

企業發展專家湯瑪斯魁格〔Thomas Quick〕，有一回說了一個故事。那是關於一個年輕人，剛被擢昇為船運部門的主任，部門中有許多資深和年長的員工。在過了幾天之後，

他與員工達成一項協定：如果員工在休息時間結束之後，可以不需要立即回到工作崗位上的話，他們工作時必須要更認真。

這個部門的生產力馬上增加了二十個百分點。然後這位新主管的上司恰巧在休息時間過了之後，發現到這些員工還沒回到辦公桌前。

他將這位年輕主管召進辦公室中，並且生氣地說道，規定就是規定，而聲明這些規定就是管理策略的一部分。他什麼理由也不接受。

於是規定被再次重申了。而生產力降到和原來的水準一樣。員工蒙受損失、這位主管蒙受損失，而連公司也蒙受其弊。

策略：成果最重要、怎麼去做倒是其次。如果可能的話，讓你的老闆也這樣調整自己的心態。

你希望是星期二還是……

麗莎伽莉包蒂會讓自己有充裕的工作時間，以克服其工作過量的困擾。

「我在這間公司，是以永遠能提供幫助、能與人合作、以及從不閃避責任聞名的。」她說。「我以此為榮、也會一直這樣子做下去。但是我總會試著去要求額外的、完成任務的時間，好確定我能達到老闆所期待的、高品質的工作結果。我會盡量在最後期限之前完成工作，以避免讓自己成為拖延進度的人。」

於是，這公司既得到較好的工作成績、也不至於在過程中折兵損將。而麗莎也因此擁有一份她從不感到厭倦的工作。

「我常懷疑，如果有人是以一種至死方休的態度在工作的話，他們真的能對這份工作擁有成就感嗎？」她這樣說道。

策略：讓你的經理為你設下清楚的目標，然後確定這個目標以及時間表是合理的。

當劇作家喬治卡夫曼（George S. Kaufman）被一個製作公司的老闆告知，他的劇本必須在星期二之前完成的時候，卡夫曼回應道：「你的目標是星期二、還是希望拿到一個好的劇本？」

小祕方：努力工作是很具生產力的，但是過度的工作卻不然。這就是為什麼我們會將之稱為「過度的工作」了。

「員工過度折損對公司來說、比對員工本身來說，其實是一個更為嚴重的問題。」一位人力資源的主管這樣宣稱道：「員工會開始找其他的工作，而當他們找到更好的工作時，他們就會走人了。公司於是得開始徵人、從頭訓練起。這可是要花上一段時間跟不小的精力。然而為什麼有那麼多智慧型的企業，還是在剝削他們的員工呢？」

小祕方：身為一位經理，你只能讓工作最積極的員工過度操勞，其

他的人大概不會眞的爲你做牛做馬的。

潛力的延展

策略：賈桂琳丹尼爾是一位加州的人際網路專家、以及公開演說家。對於賈桂琳來說，將水加滿就是為她自己訂定一套新的目標。「一個目標，只要它是正確的目標，就可以重新點燃你的激情、改變你整個人生。」她如此說道。

有時候你只要試著延展自己的潛力，就能將水加滿。你也許會發現，盡你可能地去完成工作，就能讓工作更愉快。這也可能行不通。然而，還是值得一試的。最糟的情況也不過就是：你在幾天之中工作地更辛苦一點、然後表現地稍稍好一點，如此而已。

有一些人認為，並沒有所謂的壞工作。而且如果你全力以赴的話，你的工作也會轉好。我很願意相信這樣的事。但是我也見過很多人一輩子為公司做牛做馬，但公司方面卻完全不珍惜，當他們從員工身上得到許多時，他們還會要求更多、甚至更多。然而，當你遇到了值得的公司——也許就是你現在工作的地方，以下的小祕方是合用的。

小祕方：如果你工作的表現亮麗的話，即使那是一項卑微的差事，你通常都有機會被授與更高一層的任務。

商業專家丹甘迺迪有一回談到一個年輕創業家的故事，這位企業家是以鋤草出身的得。他是一人企業，所以不用取信於上司、也沒有什麼企業組織讓他可以努力往上爬。

他的行銷計畫很簡單，就是在為人鋤草時，他會盡可能做到完美，然後以取得長期鋤草的合約。除此之外，他也都很有秩序地安排工作，並且總是準時的出現。他的設備很乾淨、而一當他能夠僱請員工時，他們也都穿上整齊的制服。他還發行了一份通訊報。

現在他的營收每年高達一百萬美金。

他所做的並不是什麼新奇的點子、也沒有什麼複雜性。他就只是鋤草而已。他有一套計畫，並且將計畫完滿地達成。

小祕方：時至今日，我們都在尋找下一個具革命性的新點子。但是最具革命性的構想，通常是將前人的工作做好而已、而不是標新立異。

莫札特（可能是有史以來最偉大的天才）他說過：「我從來沒有想要做出任何原創性的曲子來。」他所做的，只是試著要創造出最棒的音樂。

我們很多人缺乏自信的原因，是在於我們覺得自己所受的教育不夠。就如同許多削減我們自信的原因一般，這其實只是我們的看法、而非真正的現實狀況。在「前兩百家最佳的小型企業」中，有超過四十家的老闆，連高中都沒念完呢。有些最糟的美國企業，其總裁的履歷表上全都是驚人的學歷，但很顯然地，這些學歷都是一些有害的經歷。

這樣說的意思並不代表你不應該掌握住每一個學習和成長的機會。你很可能得以藉此發展出眾的個人才能。而如果停止了成長與學習，一個人也會因此停滯不前。

「當你的工作不再要求你貢獻出額外的心力時，你就去找別的事來做吧。」在《未來主管》〔Future Executive〕一書中，哈倫克利夫蘭〔Harlan Cleveland〕如此寫道。我真喜歡這一句話，因為他所說的是，你的工作應該要求你付出額外的心力，而當這樣的情況發生的時候，你也不應該覺得受到脅迫。你應該要試著延展自己的潛力。

策略：鍛鍊你的技能、並且培養新的才能。將自己準備好，以迎接現在的組織之內與之外的下一個工作，或是好迎接你從事的領域之內與之外的工作。

除了企業內部所提供的經歷與訓練之外，許多公司會鼓勵員工繼續進修。而越來越多的大學也會針對在職人士設計課程：包括密集的訓練、夜間與週末的學程、在校園之外另設教區、甚至是網上的遠距教學等等。當莎拉泰勒決定加入資訊管理的碩士班時，她同班同學的平均年齡是四十歲。而其中的百分之二十都已拿到了別的碩士學位。這之中很多人的學費還是由老闆補助。而其他人則是從學校尋找獎助學金。

如果微薄的收入是你杯子之所以半空的原因，請考慮以下的調查報告：根據大學高等教育協會的研究顯示：大學畢業生的平均年收入是三萬六千九百八十美金，而一般碩士的平均年收入是四萬七千六百零九美金，至於那些擁有專業文憑，如商業管理碩士學位，收入水平則是八萬五千三百二十二美元。

問一下又不會怎樣

策略：在今日較為彈性的工作環境當中，你也許會發現，你能要求老闆協助提供你所需要將水加滿的事物：比如說更多的訓練、更多的責任、以及更多的自由。也許如果你可以不需上下班、而在網路上就完成所有工作與聯繫的話，人生會變得更美好。或是你希望能重新設計你的工作。問問看吧，或許會有意想不到的驚喜呢！

基斯服務於一家軟體公司。他以前需要處理所有類型的事務，但如今由於這間公司的保險業客戶需求量太大，他已經沒有時間來接手其他的業務。

「那是因為這幾年來，我已經說服主管們付錢讓我參加所有的保險課程、以及取得每一種你叫的出名字的保險執照，」基斯解釋道：「他們一開始也很反對，但是我跟他們說，得到這些知識以及專業認證之後，會讓我脫穎而出，讓我和公司從保險市場的競爭對手之中鶴立雞群。事實證明我是對的。」

保險業現在都很清楚，沒有一個人在保險事務上比基斯來更專業。而他的公司也很高興之前付錢讓基斯接受這些訓練，當時，除了基斯，沒有一個人了解到其必要性。

問問看吧，但不要只是問而已，要將你的想法推銷出去。對公司來說，這個企畫案能帶來什麼好處呢？

如果可能的話，對於能決定這個企畫案的人來說，又有什麼好處呢？

它會如何在當下與未來，讓你成為一個更有身價的員工呢？如果他們有所猶豫的話，你可以提供一個逐步的方案：跟你的老闆一起定下一個目標，如果你能達成的話，他們就要以同意你的企畫案來作為獎賞。

比心理治療還要便宜

策略：最簡單的解決方法通常是最佳的途徑。有時候將水加滿就跟……就跟將水加滿一樣地簡單。

當小彤搬到一個新的市鎮時，她在一間大型、似乎不太人性化的公司裡找到一份新的工作。她很快地就發現在同儕之間，她有一種被疏離的感覺。她以將杯子（其實是一碟玻璃糖果盤）加滿，來解決這一個深層的心理困擾。她將糖果盤上放滿了糖果，然後在旁邊寫上：「自己來，不要客氣。」過了幾天之後，這個標語其實就沒有多大用處了。很快地小彤發現，每一個造訪她部門的人，包括像是委員會的主席，常常只是因為來討糖吃所以才會順道拜訪的。她已經跟那些在公司任職十五、二十年的人一樣，都覺得自己已成為這機構中的一部分。

現在就做愛

很顯然地，這些策略（這些我已經討論過以及將會討論的策略）在將水加滿的許多可能方法裡，只是其中的一小部分而已。但是有時候，杯子就是加不滿。有時候你的工作在權衡輕重之下，就像是行銷當中的一樣，「產品」本身就先低人一等。對別人來說可能可以接受的，對你來說就是不行。而不管你多麼努力、不管你做了些什麼，你就是覺得這個產品沒有價值。當你很清楚地面對消極的那一面時，你就是無法說服你自己。

當這樣的情況發生的時候，也就是你應該尋找另一個產品的時候了——另一個你能夠感覺到完整性的工作。你得換工作、換公司、換另一種職業，或是把這三者都換掉。

一位相當知名的企業家華倫巴費（Warren Buffett）有一次曾說道，他很擔心那些認為自己可以在不甚喜歡的工作裡待上幾年、然後再從事理想工作的傢伙：「這就好像把做愛的機會省下來，留到老年的時候再享用，」巴費說，「這種做法不太聰明喔！」

策略：有時候，要解決一個令人不甚滿意的工作環境，其實只要在公司裡轉移部門就可以了。你可以誠實地告訴權力高層，你之所以這樣要求是因為想要擴展經驗。你不用提到，其實你是想甩掉那個胡扯淡、並且不通人情的老闆。

小祕方：有時候在公司裡你可以製造出你自己的職位來。

亞倫麥克森是一位「嘶特茲」(sttst)。「嘶特茲——你若在蛇發出嘶嘶聲時砍斷牠的頭，牠就會發出這樣的聲音。」他開玩笑地說，「事實上，嘶特茲(sttst)是電話技術支援資深技師的簡稱。我已經從事此技師的工作多年，以至於在顧客開口說話之前，我都知道他們要說的是什麼。我已經到了一個臨界點上，幾乎都可以將我自己的頭砍斷、或是把別人的頭砍斷。」

亞倫幾乎是絕望地需要一份新的挑戰。但是在他的領域當中，只有三個電話技術支援的經理，而他們沒有一個看起來在接下來的幾年中，會另謀高職。他幾乎沒有任何升遷的管道。

「我於是在想，有什麼公司的需求是能夠滿足我的。」他說，「而答案就在我面前。」這間公司的經理人數相當少、而技師的轉業率又相當高，新來的技師幾乎從未受到適當的訓練。亞倫於是提出了一份區域訓練的計畫：讓有經驗的資深技師只將心力投注在需要幫助的技師身上。這個計畫得花十一個月才能完成，但是他們同意了這個企畫案。

亞倫創造了他自己的工作，也為其他十二個技師創造了相同的工作。現在他能享受他的工作、收入也比以前增加。公司技師的素質有明顯的提昇、顧客滿意度上揚、而轉業率則下降了。

「這一個簡單的想法，對我們的技術支援系統來說，比起我們所有人在前幾年所創下的成就，都還要來的影響深遠。」這間機構的副總裁如此強調。

策略：考慮一下交換工作的可能性。

諾曼史密斯擔任高中的指導顧問已經長達二十九年。他聽過很多人有交換工作的經驗，有時候還是在不同的公司之間進行的。他想，如果他能換到大學裡去當一年的行政人員，一定會是個很棒的經驗。在取得長官的同意之後，他向美國各大學寄出了八十封的企畫案。其中有七十八家拒絕了他，而兩家則接受了這份計畫。他最後跟一間鄰近的美國國際學院的行政人員交換工作。這對他們來說，不僅是一次改變，而兩個人都認為所習來的新技巧，對於原來的工作很有幫助。而雙方也都因此對彼此的工作更具敬意了。

辭職的時機

但是也許在你現在的公司裡，你發現到你永遠到達不了你想去的地方。也許你最想做的工作是成為一個北極圈探險員，而你現在的工作根本無法讓你抽出時間來著手實現這一個夢想。

或是也許你了解到，如果你待在現在的公司，你永遠無法到達你想去的地方、也無法保持你人格的完整性。你要不是得想辦法改變公司的價值觀，就是要把你自己從裡頭抽出來。

就像是一個朋友說的一樣：「我將我的才能、我的學歷、我的心力租給這間公司，我將我的生產力也租給他們。他們付的價錢很合理，而我也希望能讓他們覺得物超所值。但是他們無法買我的靈魂、我的自尊，或是同事看我時，他們眼中所出現的、對我的尊敬。這不包括在這筆交易當中。」

你得要知道，什麼時候是辭職的時機。

很多人在找到下一個工作之前，不會離開眼前的職位。當你是被僱用的員工時，你也比較容易被別人錄取。而且你會有更充裕的本錢來談你的薪水。沒有人會去撿別人不想要的東西，不管是在愛情或是在工作的僱用上。也沒有人會要別人所丟棄的事物。這也就是說你最好不要讓自己被炒魷魚。不管叫那些「虛偽的白痴」滾遠一點，是一件多麼大快人心的事情，但是也許有一天你會需要這群白痴為你寫推薦信——並且你會希望他們能虛偽到可以幫你寫一封好一點的推薦信。

支持夢想但不要累垮了夢想家

策略：如果你想要辭職以追求一個未完成的夢想，我要問的第一個問題當然是，在不辭職的情況下，你能開始去實現夢想嗎？你可以從下班的時間開始著手嗎？或是你可以說服公司讓你留職停薪？

小祕方：一份穩定的薪水能夠支持一個夢想。

話雖如此，我卻曾經放棄一份薪水優渥的全職工作，而轉成兼職的身分。因為那工作實在太輕而易舉了，以至於我十分害怕會做一輩子，並且拿它作為我無法實踐夢想的擋箭牌。我可以輕鬆安全地將水加滿。但是我擔心的是，我的杯子永遠滿不了。

當麥可戴納〔Michael Dainard〕以市場行銷經理的身分，向有線廣播電視台〔CBS〕請辭的時候，他為自己定了一份新計畫，準備以十年的時間來成為一位作家。這個計畫讓他寫出了《從企業的桎梏中掙脫》一書〔Breaking Free from Corporate Bondage〕。他在書中的建議是，對於你想要從事的新工作應該先仔細地研究一番，了解可能會遭遇的阻礙、以及達到成功所需要的時間。他也建議先做一番詳細的計畫，將財務狀況與時間表規畫出來，比如說包含的內容、地點、方式以及預估的資金。

心懷畏懼是很健康的。它會讓你更加小心、並使你的計畫腳踏實地。戴納的警告是，家人和朋友通常會對這個改變有抗拒的態度，尤其當你眼前的待遇是很優渥的時候。如果這會讓你裹足不前，你也許在心理上還沒有真的準備好做出這項改變。

珍妮特是如何賺進四十五萬美金的？

我很希望能跟你說：「去追求你的幸福吧。」我也很願意跟你說，如果你不喜歡現在做的事，那就去做你愛做的事。這個答案很簡單、也是個很好的答案。不幸的是，就像許多好的答案一樣，它不是都能實現的。

我們聽過太多這樣的故事了。身為核子工程師的賴瑞，有一天辭職不幹了，轉而去追尋他的真愛，也就是壁毯的事業。在六個月之間，他成為了一個百萬富翁。

珍妮特憎惡她沒有出路的工作，也對時常被炒魷魚感到厭倦透頂。然後有一天，一個自我創業的大師（有點像我這樣的人）問她，她做什麼事的時候最來勁。

「我很想要設計我自己的衣服，」珍妮特回應道，「光是畫那些新款式，就可以讓我消磨個數小時的時光。」

如今，雖然我們不知道那個顧問給了她怎樣的建議，珍妮特如今已經是頂尖的服裝設計師，每一年的收入是四十五萬美金。

這些故事就在這裡劃下句點，但是赤裸裸的現實是，這個世界上有太多失敗的珍妮特了。雖然不一定是如此，但是這樣的情況也屢見不鮮。要不然的話，一年賺四十五萬美金的設計師應該滿街都是了。

我也喜歡成天打高爾夫球以及跟美女做愛，但是可沒有人要付錢給我做這些事情。︹當然囉，這也可能跟我本身的能力有關，但是我寧願相信是別的原因。︺

我們都希望夢想能成真。我們都希望能變得富有、成功、以及有創造力。而也許你應該持續地去嘗試實踐夢想。你嘗試與否的決定權可不在我身上。但是現實生活中，不是每個人的夢想都能成真的。我們大多數人都有同樣的夢想，太多的人都希望能晉身名流。在這樣的社會中，可能推銷員的空缺要比脫口秀演員來的多，而廣告文案的需求又比小說家的名額多。

根基於現實基礎的積極思考，可以認清這個事實，然後才盡量地利用任何出現在眼前的大好機會，以做下一番事業。對於某些人來說，這可能會讓我們得以追求、甚至實踐最初的夢想。對於其他人來說，這可能會導向新的夢想。這些夢想在完成的時候，可能會變得更好、更值得、甚至更令人滿意。

不管你決定怎麼做，就是不要扮演一個受害者的角色。在受害的泥沼裡打滾可能很好玩，但是沒有一間公司喜歡讓一個滿身泥濘的渾蛋，將污垢帶進他們的職場裡。

掌握你自己的決定。如果你現在完全不能接受自己的工作，是不是有其他更好的選擇呢？不一定總是有更好的機會在等著你，但是在我所遇過的這種情況裡，幾乎都有其他更好的抉擇。這裡是美國，沒有人會強迫你去做任何的事情。

道不同不相爲謀

「我之所以沒有固定的工作、以及我之所以多年來都沒有固定的工作，原因很簡單，那是因為我和那些給予工作的紳士們，想法不一樣。」梵谷是這樣說的。也許你也是這樣的人。

也許將水加滿的意思對你來說，是開始你自己的事業，打出一番你自己的天地。當我談到服裝設計師珍妮特的時候，我想說的是，你也許不能期望自己成為聖羅蘭、凱文克萊之類的設計師，你也許不能指望自己擁有像柯利奇（Calvin Coolidge，譯註：美國第三十屆總統。）一樣的藝術才能。但是這不代表你就要強迫自己，跳進那些給予工作的紳士（或是淑女）所設定的框框裡。你還是可以創造你自己的工作。

價值八千五百萬的貓便盆

也許你在新型的行業之中，可以發展出一套完美的產品以雄踞一方。艾德洛威（Ed Lowe）幾乎是輕而易舉地就發明了貓便盆的工業。他一開始的時候，就是拿著伍英鎊的塑膠袋在寵物店之間一一詢問，那時的標籤還是用手寫的。這並不是什麼高級時尚、也不是壁毯，這只是一年八千五百萬美金的生意而已。

蓋爾法蘭寇〔Gail Frankel〕發現每一個媽媽都有著跟她相同的困擾，總是要拖著東西走路：拖著小孩、拖著包包、拖著菜籃等等。於是她發明了一種可以將這些東西跟人連結起來的繫帶。她的寇蓋公司〔Kel-Gar Inc.〕現在一年可以賺進三百萬美金。有許多賦閒在家的媽媽們，現今都已開始自己創業，她們用這樣的頭銜來稱呼自己：媽媽企業家。新的科技也讓她們只要在家裡，就能馳騁商場。當然如果你不是一個媽媽，也有同樣的自由。

而且沒有高科技，也一樣能出頭天。有一天我的一個朋友厭倦了找工作的日子，他拿著一支拖把、一個水桶，就往城裡去找、看誰的窗戶髒了。今天他在南印第安那州已經擁有十分成功的清潔公司。

接下來的這個故事，大概很多讀者都已經聽過了，但它的確是一個真實的故事。我在一九七〇完成大學學業之後，以極少的資金和好友保羅辛漢開始了自己的事業。我們的第一個客戶，甚至比我們的規模還小，那是一個年輕的傢伙，留著一頭怪異的髮型。他只有一台影印機，而其店面小到他每天得將機器推至人行道上才能開始做生意。影印店的名字其實就是他自己的小名：阿怪。而這間店後來衍生出了一千家的分店。

二十年前，在威斯康辛州的麥迪遜城裡有四十五個計程車司機，因為厭倦了計程車公司對他們的剝削，於是將所有人的一分一毫集合起來，並且跟銀行借了錢，開始了麥迪遜計程車工會的合作社〔Union Cab of Madson〕。如今他們擁有一百部計程車，一年的營收是五百萬美金。也許這其中的會員或是股東，可以在別處賺到更多的錢，但是在工會裡，他們可以對自己的公司有決定權。他們不需要在其生活型態、自我尊嚴上做妥協，也不需要在不愉快的環境中工作。他們的老闆、也就是他們的總經理，是為他們工作的。

還有一間從事家庭健康協助的合作社，也就是家庭關注協會合作社〔Cooperative Home Care Associates〕，由一群之前領社會福利金的婦女所組成。幾乎沒有對手可以與其訓練計畫相抗衡，而她們提供給自己的薪資則比同業多出了二十個百分點。

有很多人的事業是從蹓狗、等維修工人、送報紙、送花、給塞車人送新鮮咖啡之類的事情裡開始的。在日本，有一個退休的拳擊手，專門在街上讓行人拿他當沙包以減輕他們壓力，他的收費是一分鐘九塊美金。

也許這些對你來說都不是正當的工作。也許這聽起來比你現在的工作要好一點。要說到真正創業的勇氣，大概沒有人可以比得上單親媽媽泰瑞莎葛拉登。在沒有工作的情況下，她得靠五十美金來度過四十五天。她非但不節流，反而將錢都投資在襪子上。然後她將嬰兒車裝飾一番，鼓起勇氣在哈林區的街上開始賣起襪子來。這讓她度過了難關，而今天她則是之前提到的家庭關注協會的一分子。

當我聽到任何一個肚子飽飽、薪水優渥、銀行也有存款的人，自大地在談他的冒險行為時，我第一個想到的就是泰瑞莎。

不是每一個人都可以自我創業的。這是個很艱難的任務。而且風險也不小。但是就如同一個偉大的行銷人士所說的：「在每一種人群當中，都有利可圖。」機會是到處都有，端看你如何掌握。

策略：去尋找一個問題、一像阻礙、一個困擾、一份需求、或是一則希望、一個夢想：一個你能夠滿足的渴望。只要有足夠的人都有這樣的渴望，那你就是成功了。

小祕方：你最大的弱點，也許會變成你最強的行銷利器。

也許你是那種雞蛋裡挑骨頭的人、或者你是屬於大而化之的類型。你可能是有強迫症的傾向，不管是超級潔癖、或是超級混亂；你可能很反社會、或是過度社會化；你可能整天昏昏沉沉、或根本是個過動兒，一刻都坐不住。為什麼不找到一種職業把這些可能的缺點轉變成為你的長處呢？

坐下來當諮詢顧問吧

策略：也許你像我一樣、或者你是那種無法被僱用的企業家，不妨考慮成為諮詢顧問。艾瑞克西佛利〔Eric Severeid，譯註：打過第二次大戰，後成為一位反戰的嬉皮，寫書也主持節目。〕曾說：「諮詢顧問其實就是一個平凡的傢伙，但是他通常都位處於很遠的地方。」然而，真的有很多人或是公司，願意付錢聽你說一說多年來所累積的辛苦經歷與知識。你最強的特質是什麼呢？有誰可能會從中得到幫助呢？

如果你一無可取，也許你對於坐在椅子上這件事有特別的才能，並且可以將之傳授給別人。最近西雅圖警局要求二十六個員工，參加一個關於如何做在椅子上的訓練課程。那是因為有兩個員工最近從椅子上滑了出去、而另一個員工則因為可調節的座椅突然滑動，而傷了脊椎。如果時間允許的話。那位講師還想談一談其他辦公室的恐懼症，比如打開櫃子抽屜之類的事情。

你也可以試試這一行。

第八章　成為你自己的導師

接下來的一個小時，可能會改變你的一生。

當然，這種說法你可能早就聽過了。那些激勵人心的演說家和各式各樣的大師，都是這樣跟你說的。我要跟你說的是，任何一個小時都可能是改變你一生的一個小時。哪一個小時會促成改變，完全是由你來決定。

我的建議是，就讓改變在這一個小時發生吧。如果你要改變的話，不是現在，更待何時呢？既然你都花了錢買了這本書，翻開了它、還將書打開來看了？為什麼不好好地利用這項投資，並且找到一個方法讓它在你身上真正地奏效呢？

真正地奏效。**真正地**在這裡是一個運作性的名詞。**真正地**指的是**在現實中**的意思。現實是——在找不到更好的字之下，現實的。我們對現實不能一邊忽視，然後一邊希望能在其中達到成功。有太多現實的牆會擋在我們前方、有太多現實的門我們需要去打開。

認清現實

我們思考現實的方式，首先取決於我們對於現實的認知，然後取決於我們對待此認知的態度。

我們究竟是如何認識現實，又是如何對待此一認知的呢？多年來，每一個大師都告訴我們，我們創造並且掌握著自己的態度。我們都知道這基本上是對的。而這些態度會反過來影響我們生命的品質、以及我們的成就，不論我們對於成就的認知為何。

不幸的是，這些討論態度的大師，尤其是那種過分樂觀的，常常忽略了對於現實的認知應該要盡可能地準確。他們總是叫我們要調整態度、好迎合對現實的認知。每一天我在各個方面，都會變得越來越好、好還要更好。但事實好像不是這樣的。而且這樣一種脆弱的、短期的宣導說教，並不是特別的有效。

將積極的思考奠基於現實中，是要來的有建設性多了：今天我幫佛瑞德解決那個問題的時候，做得非常好，但是對待派翠絲的態度不太對。但是我還是覺得我的種種努力都沒有白費，而且我知道，如果我繼續努力下去的話，我會一直進步。

絕不要讓你的積極思考像一層充滿希望的迷霧一樣，在現實中形成阻礙。要認清楚現實：盡可能地掌握準確的認知，這樣才能有效地面對現實。你要知道（就像是大師不斷跟我們說的一樣）我們要對自己的態度與自身的快樂負責。我們都知道，對於任何一種情況，都會有百萬種回應的方式，而莎士比亞也說：「事情沒有好壞的差別，完全看你怎麼想。」錯可能全都在你老闆身上，但是關於你要如何反應、他要如何影響你、如何影響你當下和未來的行為，則完全操之在你。

這我們都很清楚，不是嗎？

那些精神導師、自我諮詢的權威，以及商業專家也都跟我們說過，我們對自身生命中所需要的轉變，是有掌控能力的。我們也都知道這是真的（至少在邏輯上如此），至少在那些大師所慣常忽略的明顯限制之外是如此。但是現在距離你第一次相信、或是了解這個真理的時間，已經過了多久了呢？而在這一段時間中，你又做到了多少你想要、或是需要做出的改變呢？

如果你和我們大多數的人一樣，那這個數量大概不及你想要的多。

今天並不是你下半輩子的起點

小祕方：想一想山姆華爾頓。並且捫心自問，相較於你第一次聽到、或是第一次了解到你就是自己的主宰的那個時候，你是不是已經更接近了死亡、更接近人生的終點？

那你還在等什麼呢？我們又在等什麼呢？我們都已經從每個精神導師身上，聽過無數遍了。在這個國家裡，我們在個人的自我調適與改善上砸下了大把大把的鈔票。你會想，我們應該都很接近完美了吧？我們讓一個又一個的精神導師紛紛地富有起來，而他們告訴我們的事情不過就是我們所相信的事。可是我們極少起而行之。幸好那些精神導師不退錢。如果有人無法完成他們所給的建議，這些大師就得退錢的話，我想街上可能就到處都是挨餓的大師了。而且我們大概不希望會發生這樣的事情。

時候到了，你還在等什麼呢？

小祕方：今天並不是你下半輩子的起點，昨天才是。

未來一分一秒地在逼近。如果它再繼續靠過來，甚至就會變成昨天了。當然我們都對於那些無法達成改變的理由一清二楚。誰不會找理由呢？但是讓我引用一位美國偉大哲學家安蘭德斯（Ann Landers）的話：「停止為你自己感到抱歉，起而行之吧。」柯利奇（Calvin Coolidge）也說：「我們無法同時做所有的事，但是我們可以馬上去做某一件事。」

馬上去找一件事來做吧！

你不需要做所有的事情。只要開始就可以了。「Sic parvis magna」，這句拉丁文的意思是，大事從小處著手。

一個跨國性的出版公司，有一回在旗下九百位銷售員身上各花了八百美金，讓他們參加一個兩天的課程。而課程的內容則是在教導他們如何克服不想打電話的障礙。課程結束的時候，一位與會者轉頭跟另一位說：「我對於拒打電話有更好的解藥，而且這解藥還是免費的。」

「那是什麼？」她的朋友問道。

「那就是抬起你的肥屁股，去打電話吧！」

有時候，你就是得挪動尊臀，然後起而行之。你永遠都可以找到不馬上行動的理由，你永遠都可以說，你在等待神奇的時刻來臨、等待天時地利的一刻。那些效率還算是不錯的羅馬人，曾經說：「如果不起風，你就自己旋轉吧！」

小祕方：旋轉吧，或是與世浮沉吧！那是你自己的選擇。

你的選擇

改變是很困難的。多年來，人類學家康拉德羅倫茲（Konrad Lorenz）每天上班的時候，都會走固定的一條路，回家的時候則走另外一條路。當他試著將這兩條路掉過來——也就是上班時走回家的路、回家時走上班的路——這樣的改變讓他十分焦慮，他只試過一次就再也不敢了。這個故事是不是讓你覺得自己的個性很和諧、而且比起來十分有彈性？

「當你經歷過改變的時候，」威爾羅傑（Will Rogers，譯註：美國傳媒界的偶像）說，「你就是重生了。」

我可以一直引用至理名言，但是有一個道理你必須要明白。不管是我、威爾羅傑、安蘭德斯、或是凱文科理奇，都沒有辦法激勵你、讓你做出你想要的改變。那些精神導師、商業專家、精神分析師、或是諮詢演說家、甚至是已故的羅馬人，包括像我這樣自己稱自己為權威的人，都只能為你指出一條道路。是你自己來決定要選哪一條路的。下決心、往前邁進的人還是你自己。

在你自己的王國裡，只有一個人才可以擔任總裁，只有一個人對於這企業的文化、對於企業的生產力負有責任。那個人不是別人，正是你自己。你是唯一可以決定自己目標的人，你也是唯一可以提供動機讓你自己到達目的地的人。

如果林肯繼續從事律師的工作，在伊利諾州與生活搏鬥的話，他可能還可以活得久一點。愛因斯坦也可能終其一生祇是一個辦事員而已。而羅斯福總統也可能一輩子就只是一個肢障患者而已。

想一想你最崇拜的人。那些人可能一事無成。當他們還活著的時候，他們曾有過那樣的選擇。

你跟我都還活著，而我們仍然可以選擇。

小祕方：試著成爲你自己最崇拜的導師、成爲激勵自己的那位演說家。

開始讓成為你自己的導師變成你工作的一部分，變成一份你的任務。變成你份內的職責、變成一份你想做的事。自我協助就是這個意思、就是幫助你自己的意思。做你自己的導師吧。你已經知道了大部分的方法，為什麼不去付諸實行呢？

曾官拜將軍，之後接任國家秘書長的喬治馬歇爾〔Goerge Marshall〕曾幫助這個國家度過最黑暗的時期，像是第二次世界大戰、以及之後的餘波盪漾。「各位先生，」馬歇爾曾對其同仁這樣說道：「招募來的士兵可能有道德操守的問題，但是武官則沒有。我希望在這個部門的所有官員都能對自己的操守負責，因為誰要來對我的操守負責呢？」

要成為你自己的導師。

鼓勵為何而來？

在你能鼓勵自己之前，當然囉，你要先決定你的目標到底是什麼。「如果你不知道你要去什麼地方，你可能會去到另一個地方。」

當我還是個銷售經理的時候，有一次一個銷售代表跟我說，他的目標是要成為這個部門的第一名。

「不，不對，」我回答：「你的目標是要成為第五名。」

「你在說什麼？你怎麼知道我想要什麼？」

「這只是一個簡單的猜測。就好像我跟一個人上樓梯，他如果在二樓就停住沒有往上爬，我會猜他的目的地是要到二樓。如果我看見一個短跑者全力衝刺，然後過了一百碼才停了下來——而且他又身強體壯、並且沒有中途棄權的話——我會猜他的目標是要跑一百碼。」

「這很顯而易見啊。」

「沒錯，這很顯而易見。」我同意道，「雖然我從未看過你中途棄權，但是我看到的是，只要你在部門的前五名當中，你就不會再努力跑了。但是你一旦掉到第六、第七名，你就會打更多的電話、更努力工作，並且不會在星期五下午去打高爾夫球……」

「我沒打……」他說到一半就停住了。大概發現再說下去恐怕連最後一點名聲也保不住了。

「當你一回到前五名，」我繼續說道：「你就又回到正常的軌道。你會對於自己的名次很滿意、對於你的收入也很滿意。所以不管你認為你的目標是什麼，你真正的目標其實是成為第五名。」

小祕方1：如果你想要知道自己眞正的目標是什麼，看一看你在做的事情吧。你所從事的活動會將你引向何方呢？如果這還不是你眞正的目標，那又是什麼呢？

2：如果你想要不朽的聲名，那麼得要在死前達成所有必須的成就。

不去努力衝刺並沒有錯。這是你的選擇，而每一個選擇都有其正當性。你的目標是你自己的。只是不要去欺騙自己就行了。不要用錯誤的目標來蒙蔽自己。

你必須要知道，你真正想要的是什麼。不管那是什麼，如果那是你真心想要的，你必須要願意為達成此目標而付出一切。而且你要不斷鼓勵你自己，好確定事情真的有被完成。不管你的目標是什麼，那些精神導師是不可能無時無刻都陪伴在你身邊的。況且你每一天都要做出成千上萬個朝向目標、或是遠離目標的小決定啊。

別再與世浮沉

將水加滿是要在你的實際作為與你所相信的作為之間，將其中的斷層連接起來。將水加滿並不表示你不需為目標做出犧牲。它只是代表著，你很清楚實際上你所做的犧牲都能幫你達成目標。

關鍵當然是在於追求你所希望達到的成功——不管那是什麼。即使你擁有不同的目標、即使你將水加滿的方式跟週遭的人都不一樣，你也無需驚慌害怕。

我們都知道，如果你永遠跟在別人後頭，你不可能看見嶄新的風景。而除非你能從世俗的常軌中掙脫出來，你也不可能找到一條屬於你自己的道路。而當你掙脫掉韁繩的束縛，也就不會有從另一個星球來的渾蛋能用鞭子抽打你的頭。而且即使你們要到達的是同一個目的地，你也可以不用拖著別人的包袱、而搶先一步抵達終點。

小祕方：當帶頭的騾子是很好，但應該還有一番新的天地。

讓我再重申一次，關鍵在於去追求你真正想追求的目標。不是那個你的老闆、你的父母、你的兄弟姊妹、你的朋友、甚至你的老婆所認為你應該追求的目標。你也不應該為了要跟人一較長短、或是因為某人認為你不夠成功，而因此來訂定你的目標。

走在回家的路上

你可以拿別人的目標來當成是自己的，但是你永遠無法挪用他們的慾望和熱情，來執行達成此目標所需的任務。作家薇拉凱塞〔Willa Cather〕的一番話應該可以適用於此：「只有一件事情是重要的，那就是慾望。在慾望之前，其他的事都微不足道。」在不遵循慾望的情況下，你也許可以成功，至少是用世俗衡量成功的標準來看的話。你也可以遵循你的慾望卻仍然得不到成功：如果不是用你或其他人衡量成功的標準來看的話。你可以遵循著一個慾望、卻失去了你自身的完整性。

我並不是在說你應該把工作辭了、放棄你的家庭、然後搬到南太平洋去畫畫。這可能適用於高更，但是也許對你來說不管用。起碼這對高更的太太和小孩來說，都不是個好點子。

但是努力朝著不屬於你的目標前進，則像是在走上坡路一樣。你也許還是能到達你想去的地方，但是絕對不是一個簡單的差事。如果那不是你真正的目的地，即使當你到達之後大家都得仰望你，這趟旅程也會變得沒有意義。

而在另一方面，如果你能善加利用你的慾望，例如完成工作的慾望、達成目標的慾望，或是兩者兼備的慾望——那你就等於擁有了驅動的引擎與燃料。這並不是一座無法被中斷的引擎。沒有什麼事情是不能被中斷的。沒有任何目的地是你想去就一定去得了的。但是這已經是你所能夠擁有最有力的引擎了。比起朝著一個寒冷、不友善的山頂跑去，你等於是走在回家的路上了。這不一定是一趟簡單或是舒適的旅程，但是這就像是在走下坡路一樣、輕鬆多了。

我現在所說的是，什麼方法才最管用。這非常簡單：

1.你想從職場生涯中獲得什麼？

2.有什麼方法可以讓你達到此一目標呢？或是有沒有什麼最接近的方法？

3.你願意為達到目的付出一切嗎？其中有一部分是需要努力工作的，也許很大的一部分都需要。有一些部分則可能不愉快，雖然沒有什麼應該讓你對於你的自尊與自我的形象做出妥協。

古老的大師、流言、以及在辦公室裡很糟糕的一天

在《人類之道》﹝The Way of Man﹞一書中，神學家馬丁巴伯﹝Martin Buber﹞說了一個偉大教師的故事。有一天他的學生請教他：「請告訴我一個侍奉上帝的通行法則。」

這位教師回答道：「要跟所有人說他們應該採取怎樣的法則，是一件不可能的事。有的人透過學習來侍奉上帝、有的人透過禱告、有的人透過齋戒禁食，而有的人則透過飲食來侍奉上帝。每一個人都應該仔細地去發掘其心靈所指引的方向，然後全心全力地朝此一方向邁進。」

威廉布理吉在《創造你自己與創造公司》﹝Creating You & Co.﹞這本書中，提到了以上的這個故事。(所以我在說的是，布理吉在書中提到的、關於馬丁巴伯在他自己的書中提到的、關於一個知名大師跟他的徒弟所說的故事。這究竟是人類智慧的累積與傳承呢?還是一種被扭曲的謠傳與流言呢?)布理吉說我們每個人都有一個「終身的事業」，都有一項特別為我們量身定做的、具有生產力的活動……這能滿足我們特別的慾望、使我們非凡的才能得以轉換成現金，並且使我們英雄有用武之地，這跟我們是誰、是怎樣的人息息相關，也跟我們本質中的結構與特質息息相關，這就是我們之所以成為我們的原因所在。」

也許他說的是真的。但是這個論點讓我印象深刻，就好像是聽到別人說，在這個地球

上的某處，每一個人都有完美的另一半在等待我們一樣。我想如果你一直在等著那神秘而完美的真愛從地平線那端出現的話，你可能會浪費掉大半的生命、並且錯過許多美好的姻緣。

然而，就像是中國的諺語說的一樣：「天生我才必有用。」無疑地，有些道路會更適合我們，就像是有些人也會更適合我們一樣。我們當然希望能找到一到真正適合我們的、真正符合我們需求的路，就好像我們需要找到合適的伴侶一樣。

但是你也不是個灰姑娘。沒有人會拿著一隻玻璃鞋來追著你跑。不管你為自己所塑造的職業是多麼地合身，你還是要努力地去實現它——好讓它能適用在你身上。就好像你必須要努力地去維持一段關係一樣。不管它對你而言，已經是多麼地合身。

如果你不夠主動去做那些必須的工作，也許那並不是你真的想要的。我已經寫過一些小說，我很享受寫的過程，也得到一些不錯的評論。我當然希望能成為得獎的小說家，但是對於致力小說寫作這件事，我仍然不夠積極，也就沒有辦法盡可能地達成這樣的目標。對於小說寫作、以及成為一個成功的小說家，我並沒有擁有足夠的慾望好讓我付出必須具備的努力。

慾望當然不見得就會使這條路變得順遂。它也還是可能荊棘處處。這就是慾望的力量發揮的時候了。因為比起一九九三年唐納懷曼在辦公室所要面對的糟糕的一天，在你我的職業生涯中所能遭遇的，恐怕都只是小巫見大巫了。

爲什麼我沒跟碧姬芭杜約過會

唐納懷曼是一個木材工人。一顆樹倒在他的身上，打斷了他的左腿、並且樹幹還刺進了小腿中。他大聲求救達一個鐘頭之久，然後才了解到附近根本沒有人聽到他的求救。如果他待在原地的話，他必死無疑。這是一場跟時間的競賽。

於是唐納從口袋裡拿出他的小刀。他將自己的腿從膝蓋以下砍斷。他切過了皮膚、切過肌肉，然後用那隻小刀，將已經斷了的骨頭鋸斷。

他爬了九十呎的上坡道路，終於來到了他的推土機。他將自己的身子拖上、並且拖進了那台推土機、然後將推土機開向自己的卡車。他將自己從推土機上拖進了卡車中，然後用右腳和右手像正常情況一樣的開車。這時他的左手則拉住暫時充當止血帶的鞋帶。在他暈過去之前，他終於找到了救援的人。

這就是求生慾望的力量。現在告訴我，為了達成目標你所需要做的事情，到底有多困難。

但有了慾望就夠了嗎？我在這一篇裡可以一直引用大師們所說的話，來證明這一觀點。讓時光倒流回一八九一年，威廉海茲理特〔William Hazlitt，譯註：英國評論家〕曾說：「對於任何的事情，強烈的激情能夠讓你通往成功，因為對於目的地的慾望會為你指引方向。」

這樣的格言聽起來很棒。但是如果此言為真，我早在十二歲的時候就應該跟碧姬芭杜約會了。這地球上沒有人能夠擁有像我當時一樣的激情和渴望。

這就是為什麼我喜歡洛基第一集的緣故了（相較於洛基第二到第十四集來說）。因為那不是標準的「慾望戰勝一切阻礙」的傳統情節。洛基做了一切的準備，好迎接與阿波羅魁德之戰。但是就在前一天晚上，他面臨了現實的考驗。身為一個不入流的俱樂部拳擊手，既缺乏經驗、訓練也不足，他根本沒有機會打贏史上最偉大的拳擊手。不管他多麼想要贏、不管他的思考多麼積極，這還是不會發生的。話雖如此，他還是下定了決心，要盡可能地運用他的才能與機運。他要做出最好的表現（這又有何不可呢？但是他真正的目標是要盡可能的與拳王保持距離）這可是別人從未嘗試過的。他將目標設定在現實的基礎上，而依他自己的定義而言，他也真的成功了。

對我來說，這比起典型的「以一勝百、以小擊大」的故事，都要來的發人深省多了。因為這裡頭參雜了更多真理的成分。極少的過度樂觀主義者會寫出這樣的劇本，讓洛基輸掉這場比賽。但是我猜如果這是一場真的比賽，他們之間會有更少的人將錢押在洛基身上。

過度樂觀主義的流言

我們常會聽到這樣的說法：如果我們真的想要什麼，那就永遠永遠不要放棄。永遠、永遠可是一段很長的時間喔。我想，對於我們大多數的人來說，是沒有永遠、永遠這回事的。要知道在我們所聽過的、關於從未放棄的真實故事裡，那些人都是最後得以成功的人。像是那個第二十九篇劇本被人從垃圾桶裡撿起來、最後拍成暢銷電影的劇作家。那個在小聯盟裡混了十三年、終於在三十二歲時成為最佳新人的捕手。那個挨寒受凍多年、最後終於挖到寶物的企業家。

統計學上，在每一個不屈不撓、永遠都不放棄的成功背後，都有成千上百個屈服於險阻而失敗的案例，不管他們的原因是什麼。這就是為什麼那些成功如此受人讚揚了。

大部分失敗的人，也許不及成功者來的執著與努力。但是其中許多人卻付出了同樣的心血。也許大部分的人並不是那麼有才幹，但是許多人卻有著相同的才能。成功者會跟你說，他們一直對自己有信心、並且認為自己一定能有所成就。但是失敗者也同樣地具有如此的信心。

在某一個程度上，也許那些失敗者、甚至是那些成功的人，如果就忘卻過去的損失、而找到另一件能讓他們快樂的事情來做，也許他們會活得更快樂。一個音樂劇的劇作家曾跟我說，人們不應該輕易嘗試他的領域，除非他們非得要寫音樂劇不可：除非他們對此的慾望超過了一切、而讓他們別無選擇。

試試看吧，試著努力一點、也試著聰明一點。如果我得要將心目中最重要的行銷特質或是成功的特質列出來的話，我會說那應該是執著。如果一開始你沒成功的話，從第一次經驗中學到所有的教訓，然後再試一遍。一遍再一遍。但是有時候你最後學到的教訓，可能是你應該要試試別的事情。或是別的類似的事情。另一位極端的思想家，西蒙波娃曾說：「在面對無法克服的障礙時，固執是一件愚蠢的事。」這我們都很清楚。但我們絕大多數的人還是照做不誤。我們只是假裝沒有這一回事。

那**永遠、永遠**不停止的情況，或許只是適用於某些人，他們在心理上非得要去做這件他們永遠永遠不能放棄的事情。或者也適用於那些覺得努力本身就是最大報酬的人、以及另外一些在追求這永恆事業的同時、又能擁有富裕美好之人生的傢伙。

麥克斯費勒〔Max Filer〕一九九一年時以六十一歲的高齡成為律師。從一九六六年開始他就不斷地參加律師考試，在二十五年後、第四十八次的考試中，他終於拿到律師的執照。在這期間，他的工作是一位技工、扶養了七個小孩，其中有兩位也成為了律師。他在加州市政府的一個小鎮曾擔任過四屆的政府官員。

夢的解析

你可以擁有夢想。也許這個夢想你永遠永遠不應該放棄。或者這就祇是一個夢想而已，雖然它也許能對於你週遭的日常生活有什麼啟迪的作用。我曾經夢想要成為一個職業的棒球選手。我幾乎沒在這上頭付出什麼努力，而且我對棒球也不是特別精通。但是我到底想要什麼呢？成為一個棒球選手到底有什麼吸引我的呢？

我想，我是喜歡那種到處旅行、造訪不同城市的生活。而且，老實說，我也喜歡那種受到一點注目的、被人仰望的感覺。這也就是為什麼身為一位演說家、一位諮詢顧問（也就是一位職業的主教）比起成為全職的行銷主管以及專職的作家，對我來說要更有吸引力。雖然我花了許多年才了解這件事。坦白說，棒球對我來說有點無聊，但是演講卻從不令我厭煩。就好像那個老笑話一樣——跟著夢想走吧，只要別跟著那個在大街上裸奔的夢想就行了。

小祕方：如果你想要將水加滿，你得要知道你眞的想要的是什麼。不是那件你認爲你要的東西、也不是那件你認爲你應該要的東西。

你可能對某件事情很在行、並且也樂在其中。但是卻還不夠在行到足以靠此維生。或者你可能對某件社會不特別重視的事情很拿手，或是你的方式並不特別受到重視，以至於你無法以此維生。我有一位朋友，是很棒的視覺藝術家，但是他從來無法以此養活自己。他同時對於卡車貨物的裝卸也是無人能出其右。我從來沒有見過任何人能將這麼多的盒子與家具裝進一輛貨車當中的。如果車輛裝卸是一個主要的職業運動的話，他會像麥可喬丹一樣，一年賺個五、六千萬美金。不幸的是，這個社會對於將球投進一個金屬環這件事，比將一輛車子塞滿東西來得更為熱中。於是他將其特別的空間才能運用在放射線照相術上，他知道要如何處理儀器與病人的相對位置，好得到身體特定內在器官的正確影像。

話雖如此，盡可能地發動你慾望的引擎，向遠方馳騁吧。

將你自己放到英雄的道路上

遠大的目標很能激勵人心。它能使我們充滿活力、使我們精力旺盛。它能延展我們的能力、延展我們對於現實的概念。將你積極的思考放在現實的基礎上，並不代表是畫地自限。這只是要去延伸你的現實感。

「有夢想才偉大。所有的大人物都是夢想家。我們有些人讓這些夢想枯萎，而其他的人則不斷地灌溉、保護夢想，呵護夢想走過低潮的谷地，直到燦爛的陽光出現為止。只有那真誠地盼望著夢想成真的人才得以見到燦爛的陽光。」

伍卓威爾森〔Woodrow Wilson〕如此說道。他說這話的時候，大概還未遭受將美國推進國家聯盟的失敗、也還未中風，他的國家政策也尚未被美國人民所拒絕。美夢不一定會成真，但是你如果不去追求的話，它就永遠不會成真。而威爾森的確從大學教授變成了美國總統、以及歷史的英雄。如果這還算是一種失敗的話，那起碼會比許多的成功都要來得好。

有人曾說，如果你想要與英雄同行，首先你得要先將自己放在英雄的道路上。

小祕方：不管你事業的目標有多遠大，決不要冀望你的工作能夠輕易地就改變你原本枯燥的生活，或是能夠輕易地向世界證明你不是那個你害怕會變成的人。

以上的要求對一份工作來說是太沉重了一點。如果這是你對工作的期許，這對你的職業、你自己、以及在你身邊的人，可能都會造成傷害。在另一方面，你的職業或許是說服你自己的最佳工具，讓你知道你並不是那個你害怕會成為的人，並且能讓你發掘自己的潛力、以及驚人的爆發力。

有遠大的目標是很好，但是它得真的是你的目標才行。而且這目標不應該吞噬掉你人生的其他部分。很多公司都會硬將目標強加在我們身上。有可能的話，請試著更正他們的態度。時至今日，我們絕大部分的人都很清楚，通常這些標的是不值得我們流血流汗、做牛做馬的。通常它們對於生產力的提昇只有反效果，因為這些目標常常將人們逼到死角、讓人覺得再也做不下去了。

小祕方1：一個人應該將眼光放遠，但是如果你過於眼高手低，那麼就會一事無成。

2：無法達成別人設定的目標或是期望，不代表你就是個失敗者。

3：我們也許不應該用成就來衡量我們的成功與否，而是應該以我們所活過的生命來判斷。過著美好的生活不只是最佳的報復方式，美好生活的本身也是一個不錯的目標。

當你誠懇地設定你自己的目標時，你會發現你不再是跟人競爭了——那些你以為要與之一較高下的人們，甚至跟你有著不同的目標。因為這目標是由家庭、工作、朋友、挑戰、休閒、精神生活等所混合而成的，你們所追求的目標自然不會完全相同。

小祕方：如果你們參加的是不同的比賽，根本沒有理由要互相競爭啊。

行銷的標語

以下是一則簡單的真理：那就是，簡單的真理是不存在的。然而行銷這回事，通常就是要對複雜的問題提供一套標語式的思考模式，讓顧客得以就複雜的情況提出評估，進而得到結論。這就是為什麼類比、象徵、引述之類的小故事，總是能有大啟示。就像是奇異電子〔General Electric〕總裁傑克威爾需〔Jack Welsh〕所說的：「簡單的訊息傳遞的較快，簡單的設計較能深入市場，而事情簡化之後，人們才能更快地做出決定。」

我的客戶之一懷雅特科技〔Wyatt Technologies〕，專門生產一種以光傳播的速度來測量化合物中分子重量的儀器。這儀器可能需要一位物理博士，才能完全解釋為什麼他們的方法優於其他的競爭對手。他們大多數的客戶、以及至少一位諮詢顧問（也就是我）都不能了解其中的原理，即使我們拿了博士學位。但是每個人都能掌握住我們所提出的比喻和標語：這就好像是使用速度計而非高度計來測量你車子的速度。高度計當然也能派上用場，讓你得到大概的數值。如果你願意做複雜的計算的話，速度計能馬上就提供你準確的數值。

你可以考慮一下為你自己的目標找一則標語，好提醒你自己你在做什麼、以及其中的原因。這樣一來，你就能隨時保持動力。這也表示你能更為堅定。

聖地牙哥衝鋒橄欖球隊的前鋒諾曼漢德，在衝鋒隊的球員制服底下，會穿一件邁阿密海豚隊的制服。漢德曾被海豚隊遣散過。「每一次我感到疲倦的時候，我就會撩起邁阿密海豚隊的制服來看一看，它對我有警示的作用。」

有一次我看見一個高級主管用很尖銳、糟糕的話語，完全地擊潰一位助理的信心。我注意到他所穿的一雙鞋子，可能比這位助理一個月的薪水還要多。

「在你的行業裡，」在那位助理走了之後，我問他：「你的鞋子比你的態度還要重要，對不對？」

「不對，當然不對。」

「所以，昂貴的鞋子對你的事業到底有什麼影響？」

「他們能幫助我的態度。」

「很好，那就把鞋子的開關打開吧？」他聽了之後卻笑了，而他的心情也立即地好轉起來。從那時候開始，當他需要調整態度的時候，他就會說要把鞋子的開關打開。他開始認為自己是「穿著電子鞋的人」。

推銷員老愛說自己是靠著微笑和一雙發亮的鞋子來做行銷的。現在卻有太多的主管都只有一雙發亮的鞋子，卻失去了微笑。我們不會喜歡穿一雙太緊而磨腳的鞋子，但是我們的態度卻會衝撞著我們自己以及我們身邊的人。其實改變態度的速度，可以遠比改變你的鞋子來得快。這可以改變你的一天、改變你週遭的人的一天。雖然這樣的視覺化可能看起來有點好笑，卻能是一則有效的改變態度的標語。

更多的現實

小祕方：一個推銷員永遠都不應對顧客說謊。尤其是當顧客就是他自己的時候。

這就是為什麼將水加滿是成為你自己導師的中心課題。比起過度樂觀的思考態度，當你對自己的所作所為擁有堅定的信念、而這樣的信念又是奠基於現實之上時，你其實更能積極進取。自欺欺人並不是長久之計。當醜陋的現實向你迎面而來，若你發現你一直都在欺騙自己的話，世界上所有的大師可都幫不了你的忙，不論你在外人眼裡是多麼的成功。

事實上，你越顯得成功、你可能會越沮喪，因為你可能會更加覺得自己是個偽君子、更覺得自己在誤導身邊的人。這樣一來，你可能會變得懈怠、或是乾脆退縮、或是變得偏激、或導向自我欺騙，不論那是什麼，都無法長期地激勵你向上。

你得成為自己的導師。讓它成為你工作的一部分。每一個小時都能夠改變你的人生，這全由你決定。即知即行吧！

其他的大師

當然，成為你自己的導師並不代表你就不會盡可能地去追尋知識或是搜索技巧。窮理致知更能讓你走出自己的方向。盡可能地去吸收和學習吧，但是不要盲目地吸收和學習。

要對權威發出質疑、要對大師發出質疑。湯姆彼得斯〔Tom Peters〕是美國企業中深具影響力的觀察家，但他在其暢銷書《卓越的追尋》〔In Search of Excellence〕中所表揚的企業，其中有三分之二在此書出版之後，都有下滑的趨勢。

如果說這些商業大師曾經對於現實有所了解的話，他們有時也會在商場的現實中迷失了方向。我記得有一位演說者曾對一群職員說道，被解僱已經不再像以前一樣，有那麼大的殺傷力了。

「許多人在被解僱之後，反而更能改善他們的處境。」他如此堅稱。「就像是理伊亞可卡一樣，當他被福特解僱之後，他就跳槽到克萊斯勒公司。」

觀眾裡有人發現到了這位演說者話中的破綻。「請容我冒昧地說一句，」她說道，「如果我被炒魷魚了，我跳槽到其他競爭的同業、並且獨當大樑的機會，也許並沒有那麼高。而且我將會得到的待遇，可能比起理伊亞可卡先生從克萊斯勒所得到的，大概要少上數百萬美金吧。你所做的研究我並不熟悉，但是這只是我由衷的感覺而已。」

「嗯，這個嘛，理伊亞可卡祇是一個例子而已。」這位大師如此解釋道。

「而且可能是很典型的例子，」另一位員工喃喃說著，「說不定還有點過時。」

阿爾敦洛〔Al Dunlop〕在被自己所欽點指派的委員會解僱之後，這位商業大師在主講領導才能的演說時，每場據說索價十萬美金——可能是因為他們聯絡不到匈奴王阿提拉吧。

約翰拜恩〔John A. Byrne〕是《電鋸》〔Chainsaw〕一書的作者，這本書的主題是關於「電鋸阿爾敦洛」。拜恩寫道：「他為自己冠上美國最佳執行長的頭銜。但是阿爾敦洛將日光家用品公司〔Sunbeam〕的事業拖到了谷底。」他的方法是將日光家用品公司的股票在短期內先炒到每股五十美金，然後再讓它掉到六美元不到的長期價位。

在阿爾敦洛對觀眾的建議當中，他曾說：「如果你想要一個朋友，還不如去買條狗。」對這位電鋸阿爾先生，我想建議他，如果要買一個朋友的話可能得要再仔細地審視一下他的方法才行。

我一向最欣賞的商業大師，起碼還有一點點的精神性：他是一個曾從鬼門關走了一遭回來，不斷地在賣自我諮詢之類的錄音帶與書籍那樣的人。他的哲學中最基本的教義就是，如果那些書和錄音帶你只是用借的，那你就無法得到他的門徒所學到的東西。我猜大概是有些精神性的價值在轉手之間溜走了。所以如果你不是用買的話，這些書跟錄音帶就起不了作用。關於這點我也不太了解，但是我覺得這個概念真是不賴。這個傢伙可能是不錯的精神導師，但是在商場大師的領域裡，他簡直是舉世無雙了。

小祕方：市場行銷自有其眞理存在，但是眞理有時難免隱晦不明。

但請讓我補充一下，如果這本書你是借來看的、或是偷來的、或甚至是買二手書的話，可不要讓我或是我的律師逮到你在運用這書裡的概念。

史蒂芬柯維〔Stephen Covey〕絕對是最成功的商業大師之一。《高效率族群的七大習性》〔The Seven Habits of Highly Effective People〕已經賣出了將近一千三百萬本。他在書裡為前百大企業中的八十二家作宣傳，大談其經營之道，然後再跟希朗史密斯〔Hyrum W. Smith〕串聯起來。史密斯是研發了法蘭克林每日計畫表的商業大師，也是暢銷書《成功人生與時間規畫的十大自然法則》〔The 10 Natural Laws of Successful Time and Life Management〕的作者。說到了這些商業大師的魔幻仙境：在八〇年代有一個傢伙讓美國的雅痞都拖著一本重達四十磅的萬用手冊到處走，而他們還得先修一門課才會使用這本書呢！

「我們希望能將我們的專才應用在我們自己的合併上。」在法蘭克林柯維公司成立的時候，柯維這樣宣稱。「這樣一來，我們就能在商場上樹立一個合併的典範。」

根據商業周刊的說法，「他們的確是樹立了一個典範沒錯，但是並不是柯維所想要的那種典範。一套繁瑣的官僚體系、雜亂無章的計畫、以及內部的鬥爭，讓法蘭克林柯維公司成為了高度沒效率的組織的典範。」他們現在的計畫是讓這兩位管理大師能專心在寫作和演說上頭，而管理公司的事則交給別人來處理。

「換句話說，」一個沒那麼有名的觀察家跟我說，「現在他們已經證明了他們無法管理自己的公司，所以他們就繼續教導我們其他的人要如何管理我們自己的公司。」

在以販賣行銷概念賺取了上千萬美金之後，六十六歲的柯維這樣說：「在學術的象牙塔上跟實際操作之間，的確是有很大的差別的。」

這聽起來難道不像是一個從未達到柯維那樣巨星地位的商業專家所說出來的、幸災樂禍的話嗎？這樣知名度略低的專家，大概也會承認他對於史蒂芬柯維話中的含意十分地認同啊。

事實就是如此。前一陣子，柯維和我剛好有一天都到了同一個城市裡，分別地做了一場演講，當天的情況很能呼應我們相對的地位。我是在當地一間最新崛起的企業裡演說。演講時的場面很盛大、反應也很熱烈，而我呢，不瞞您說，也得到了相當不錯的報酬。而在另一方面，柯維的演講則是當天晚報的頭條。

大概不會有人提供我那樣的機會，去拖垮法蘭克林柯維那樣規模的公司，這樣的活動我只能間接地從事，以我的諮詢與建議。

小祕方1：對頂尖的事物提出質疑。對既有的智慧提出質疑。對最流行的東西提出質疑。

2：對我提出質疑。對這書裡的每一件事提出質疑。

去懷疑那些約定俗成的智慧。厄爾南丁格爾〔Earl Nightingale〕曾說：「不管大部分的人如何行事，如果你反其道而行，不論如何，在有生之年你大概就不會犯下別的錯誤了。」

質疑厄爾吧。質疑每一個我在這個章節裡引述的人。

第九章　陳腔濫調之外的思考

做你自己的導師，有時候需要創造性的想法、以及尋找將水加滿的創造性方法。在今日大家都說要做框框之外的思考。

但是真正研發性的、框框之外的思考，就是要質疑大家的說法，質疑那些我們都同意的基本命題。

在麥克羅尼西亞群島的某座小島上，人們有十七種計算的方式，完全看你要計算的是什麼。其中的一種是用在條狀的物品上、一種是用在圓的東西上、另一種是用來算魚，以此類推。你很難讓他們接受數字就是數字的觀念。如果你問他們二加三是多少，他們會問你，二個什麼跟三個什麼？

他們被自己的世界觀所限制住了，就像我們一樣。

在一家長春藤聯盟的大學中，有一門政治科學在第一學期裡都是要學生去思考：從稍微左傾的共和黨思考到稍微右傾的民主黨。在第二學期開始，這位教授以下面的話作為開場白：

「也許在一個完全公平的社會中，」他說道：「我們會對一個小孩說，『你的祖先因為製造了空氣污染、破壞了地球生態並且剝削童工因而大發暴利，所以我很抱歉地宣佈你現在得去住在哈林的猶太區，跟其他窮小孩一起生活。』然後對另一個小朋友我們也許會這樣說：『由於你的祖先在田裡每週六天從日出工作到日落，他們從沒放過假、對於自己的人生不報任何希望、對於家人的未來也沒有改善的餘力。他們可能被虐待、被當作一件機器一樣地被販賣。而且由於他們更便宜、更容易被取代，他們的主人根本也不會照顧他們，甚至從來沒想過自己需要像這些奴隸一樣那麼賣力地工作。

所以囉，由於他們過的是這樣的日子，你現在可以去住在華廈裡，有佣人、有女傭、有管家並且享用你所能想到的所有利益。你會去上最好的學校，這樣你就能有最好的工作機會。並不是因為你真的需要一份工作，因為我們會給你花用不完的錢，不管你要怎麼花或是你會活多久。這些錢的價值也將出乎你的意料，因為那些住在貧窮區的有錢人家的小孩，不會受到什麼好的教育，所以大部分的人只會擁有收入不高的工作。而不管他們為這個社會做了什麼，也許是撿垃圾、倒垃圾、或是在速食店工作，我們付給他們的時薪相對於你所得到的時薪根本就是涓滴之於大海，因為我們珍視你的生命更甚於他們的。所以任何你所想要買的東西都會變得比原來更便宜，因為我們付給他們的薪水只夠他們糊口。而且由於他們的祖先是有錢的賊，所以其實他們甚至連糊口的薪水都不配。由於你的祖先是辛苦的勞工──當然這也不是他們所選擇的，他們從不因為貪婪而賺過一文錢或是損害任何一個人。』」

這個教授停了一下，然後補充道：「也許這是我們應該做的，應該遵循清教徒的倫理觀念、以及這個國家建國的理想，也就是說誠實而辛苦的工人應該被獎賞。」

「所以你要我們因為父親的罪而去懲罰小孩？」一位唸法律的學生帶著指控的口氣詢問道。

「可是，」這位教授回答：「現在我們是因為父親的罪而在獎勵他們的小孩。很顯然父債子還是一件很荒誕的事，但是也許我們也不應該那快就讓下一代因著父親的罪而受到獎賞。」

你贊成他的說法嗎？

也許不然，但是這是很獨特的見解。

它讓這些學生以新的方式來看待一些既定的假設，它讓他們得以重新思考自己的信仰，或是至少可以重新確定他們原先的信仰比新的方案要好。

愚蠢的某個面向

有人曾說，發現這件事其實是看見別人所看見的、而思考別人從未想到的事。在商場中，我們常常害怕提出新的想法，因為怕被別人嘲笑。但是就像亞佛列懷特黑〔Alfred Lord Whitehead，譯註：形上學領域的哲學家〕所說：「幾乎所有新奇的想法首次被提出時，多少都會有某個愚蠢的面向。」

有時候它們不只是看起來愚蠢而已。有時候它們真的就很愚蠢。蓋爾波頓〔Gail Borden〕曾經有個治療黃熱病的點子，就是將病人送到冷凍庫裡，直到他們全身被霜覆蓋為止，然後讓他們保持結霜狀態長達一個星期。

他之後又想了一個點子，是將馬車與帆船結合起來，這種機器在陸上走時就很不順暢，到了水中更是被水完全淹覆。

接著他想出了一種脫水的肉餅乾，《美國科學》雜誌描述其為「完成了一項十分重要的發明」，但是其他的人都覺得「超級難吃兼噁心」。

美國軍方甚至說這些餅乾不僅難吃、無法產生飽足感，而且還會讓人出現頭痛、暈眩、以及「肌肉無力的症狀」。

波頓下一個愚蠢的想法是煉乳，一年三十億美金的生意就此誕生。

「一開始一個新的理論會被抨擊為無稽之談，」心理學家與哲學家威廉詹姆士（William James）說道：「然後人們會承認它是真的，但卻是很顯然的事實並且不具代表性。最後這理論會被認為十分重要，乃至於其對手甚至會宣稱那是他們發現的。」

ＩＢＭ的創辦人湯瑪斯華森（Thomas Watson）有一次說：「相對於被掛上『鄉愿』的污名來說，我們不應該太在乎被嘲笑。」我不清楚在ＩＢＭ是怎樣的情況，但是在許多機構中，鄉愿是不會被污名化的。不管大家是多麼地無動於衷。如果有污名化這件事，也是貼在不鄉愿的人身上，不管經理階級多麼極力地鼓吹框框之外的思考。

「每一個機構在某一個程度上，都應該要為那些不受他人指引、難以駕馭、有創造力、以及老愛衝撞成規與現狀的人，預留一些空間，這些人總是愛去破壞別人的計畫，因為他們永遠有又新又好的點子。」海軍上將希倫瑞可佛（Hiram Rickover）是這樣說的。

從框框裡逃出去——即使有鐵窗阻隔

策略：我很喜歡一種製造研發性思考的方法，那就是將一個問題的許多可能解決方案列出，然後考慮與每一個方案完全相反的方式。有沒有哪些相反的方式具有可能性呢？如果你要將這些方法推銷出去，你能夠說服別人嗎？其中有沒有哪種是比原來的方式更好的呢？如果將一個方法與其相反的那一面結合在一起，又會怎樣呢？

也許你不會因此得到一個馬上的解答，但是你會在這個問題上有一種新的見解，而這也許會是一個新的出發點。

我也很喜歡傑克佛斯特〔Jack Foster〕在《如何找點子》〔How to Get Ideas〕一書中所提的方法。佛斯特談到一棟古老的辦公大樓，大樓中所出入的員工遠比原本設計的數量要超出許多。問題在於這大樓只有兩座電梯，在尖峰時間要擠上電梯的機率幾乎比登天還難。

照佛斯特的想法，要解決此問題這大樓的經理有以下的選擇。她可以在大樓外裝新的電梯。她可以在樓梯間裝設手扶梯。也許她可以提供早到晚退的人一些額外的補助或獎賞。她也可以實行鼓勵大家使用樓梯的計畫，尤其是在低樓層辦工的人。她甚至還可以請那些租用辦公室的公司錯開他們的辦公時間。

但是，到底她是怎麼解決問題的呢？

是用鏡子。她在所有電梯區域的每一面牆都從天花板到地面裝了鏡子。而神奇的是這竟然有效。因為呢，就像她想的一樣，其實人們並不是那麼介意將時間花在等待上頭，如果這時間是花在打量自己身上的話，尤其這個時候他們還可以偷偷地瞄一下跟他們一起等電梯的人。

面對著電梯太少的問題，這位經理卻解決了一個完全不同的問題。或是更準確地說，她檢視了現實的狀況、發現並解決了真正的問題：她讓人們在等待時不會感到那麼不耐煩。

任何假設都能被挑戰。每一個假設也都應該被挑戰。

策略：當你要將水加滿的時候，你應該要更深入地去思考，問你自己：「真正的問題是什麼？」只是因為電梯不夠嗎？還是有其他的因素在裡頭？

小祕方：當你不同意公司的政策時，問你自己他們眞正想要達成的目標是什麼。你能夠提供什麼其他的選擇呢？也許你可以擺上幾面鏡子就夠了，而不需要爲他們建造一座電梯。

就像是某一個笑話說的，有三家男性服飾店一同在同一座大廈裡開張，並且還一個連著一個。大家一看就很清楚，這三家店沒有一個能存活下來。

在大樓的盡頭開店的那個傢伙，大學唸的是廣告行銷。他弄了一個很漂亮的櫥窗展示，並且在前頭貼了一張海報，寫著：「年終出清」。在另外一頭的老闆則唸的是行銷的碩士。他在報紙、電視、廣播節目中猛打廣告，並且兼做直銷，然後還在櫥窗上放了兩個巨大顯眼的標語：「跳樓大拍賣！」

在中間做生意的老闆娘並沒有任何學位。她是從夥計一路幹上來的。她對於行銷和廣告可說一竅不通。但是她在她的店前掛了一個橫條，這橫條寫的非常簡單：「入口在此。」

在一九九八年二月，一個監獄裡拘留了一個新的犯人，就像所有的犯人一樣，他可以打一通電話。

但他既不打給律師也不打給他的女朋友，這個傢伙將電話撥到這間監獄裡。他偽裝是一個警官，然後叫他們將某一個特定的犯人（也就是他自己）從監獄帶到某一個特定的地址去（也就是他女朋友的家裡），然後將他留在那裡。他們還真的做了。根據那警長的說法，由於這個移交的命令實在太奇怪了，大家都以為一定是來自十分高層的指示。

要說到框框之外的思考，這傢伙本身就是一本秘笈，如果有人可以逮到他的話。

在時尚之外的思考

小祕方：有時候要在框框之外做思考，我們首先要質疑的事情，就是在框框之外的思考。

有時候陳腔濫調、流行語、以及那些時尚的管理法則，似乎有時也會化為真實的生命。有多少公司是為了縮小編制、重新規畫的理由，而在沒有縝密思考的特定目標以及缺乏長期效益的清晰理念中，縮小編制或是重新規畫的呢？

他們都是為了要省錢，不管得付出多大的代價。

有些替代性的陳腔濫調，能像癱瘓一個政府一樣地摧毀一間企業。

幾年前，當專注成為一個流行用語的時候，我有一回參與一個十分冗長的會議，一個區域性的副總裁在教他的部下要如何專注在二十七種變數上頭。

二十七種耶！這個人根本不知道專注為何物。而他以及他的部下也不會知道他到底想要他們幹什麼。

我們都知道我們得接受轉變，但是我們對於轉變的熱中態度，有時卻讓轉變帶來了結束、而非是去結束一件事情。

「大家一直在說我們正活在一個不斷在變的時代，於是天啊我們還真是一直在改變呢。」這是一個不爽的工廠經理說的，「所以我們就去改變那些壞的、低劣的，也改變了那些好的和優秀的。我不知道別家公司情況怎麼樣，但是在這裡我們卻犧牲了太多好的東西。為什麼會這樣呢，你所能得到的解釋，就像那些高階主管告訴我們的一樣，都是從最新的管理流行用語來的。不管這個禮拜的流行話會是什麼。」

「這是一種似是而非的管理，」他的一位同儕補充道，「因為他們在做的通常是原始構想似是而非的變形，而就是這種似是而非創造出了這樣的流行用語。這也就是為什麼呆伯特這麼受歡迎。並不是因為他太偏激，而是因為事實就是這個樣子。」

「我可以給你一句老生常談的話。」第一位主管這樣說，「我們現在到處都在發明新的輪子，只是在這新的發明裡，輪子不能是圓的。如果輪子還是圓的，那就是老的、框框裡的思考。所以呢，新的輪子就不像舊的輪子一樣會轉動了。」

有時候走到框框外的意思其實是回到那個我們已經遺棄的框框裡。

框框外的思考其實是要開放所有的可能性。

如果你只是因為它在框框裡就不注意它，那麼你可能會有新奇的想法，卻要付出不少代價。

圓的輪子轉起來超級的滑順。如果你是自己的導師，就不應該害怕去承認這件事。

第十章　加水

「你想要買雜誌嗎？」

如果你站在街角，問路過的行人這樣的問題，你想你需要問過多少人才能得到一個「好」、或是「可能」的回答呢？

當我十六歲的時候，我曾挨家挨戶地去請人訂閱雜誌。在我們工作的那個地區，有時在星期六或是傍晚時分，偶爾會出現一些我們根本不想浪費時間推銷的人。他們要不是喝醉了、有點瘋瘋的、或是未成年、要不然就是很明顯地十分貧窮，根本不可能有支票簿或是信用卡之類的東西。為了要盡快地擺脫他們，我們只需要問一個問題：「你想要買雜誌嗎？」

通常我們馬上就會得到答案，而答案永遠是：「不要。」甚至根本沒有人會問我們賣的是什麼雜誌。

就像是那一個古老的小故事一樣，有一個傢伙站在街角向每一個經過的女人求婚，以為遲早有一天會有人答應他的請求。但若真等到那一天，他可能已經老到什麼事也幹不成了。

大衛奧力維〔David Oglivy〕是奧美廣告的創辦人，他曾說道：「在現代的商業世界裡，如果你不能將你所創造的推銷出去，即使你擁有一個原創性的思想家也是無濟於事。一個好的想法如果沒有一個優秀的推銷員來呈現，主管階級也就無法發現這個想法的好處。」

「我觀察人們在機構中的行為，也有三十五個年頭了。」企業觀察家湯瑪斯魁格〔Thomas L. Quick〕說道：「我的結論是，那些能把事情做出來、並且能有效率地取得他們所想要的結果的人，都有著絕佳的銷售技巧。」

你、你的想法、你的遠景、以及你的產品，你能如何將這些推銷給你需要推銷的人呢？你是不是將最強的銷售武器藏了起來，而希望這些優點能不言而喻，或是希望公司高層能自己發現你的優點？你真的確定你很清楚什麼對他們來說才是最強的銷售點嗎？

如果你希望你的部下能達到一個新的高標準，你又要如何將你的遠景推銷給她？好讓她不僅在理念上有所了解、並且在情感上、在動機上都能身體力行？你真的確定你很清楚什麼對她來說才是最強的銷售點嗎？

你不僅是你自己這間公司的執行長，你還應該是你這個王國的行銷經理、並且是第一名的推銷員。因為如果你不去推銷你自己、推銷你的想法，誰又能做這件事呢？

誰能？

當我們在工作上想要達成某件事的時候，常常總是直接問我們的老闆、我們的部下、我們的合作夥伴、甚至是我們的顧客：「你要買雜誌嗎？」而完全不去推銷這個想法。你當然需要去問，如果你不問的話，你什麼也得不到。但是如果你所做的只是問一問而已，你成功的機會大概跟那個站在街角的飢渴傢伙相去不遠吧。

WIIFM

小祕方：人們比較容易接受一個有理由的請求——即使這個理由一點意義也沒有。

你可以先讓我用一下這個影印機嗎？

如果我這樣問的話，你會不會讓我先用呢？

在一項研究中，一個研究者只問一個簡單的問題，那就是她能不能先用影印機。當她問道：「抱歉，我有五面要影印，所以我可以先用這台全錄影印機嗎？」受訪者當中只有百分之六十的人讓她插隊。但是當她使用同樣的字眼，只再補充道：「因為我要影印一些東西。」幾乎每一個人都讓她先用了。她給了他們一個理由，一個「因為」。即使這個因為一點也不合理，它還是能奏效。

小祕方：若想要別人同意或是奉獻出心力，當你提出的理由合理時，效果將更顯著。

很顯然地，一個推銷員若能將更多的水注入顧客的杯中，也就是他若能讓這筆交易越顯得物超所值、越能讓自己顯得誠懇熱情，這位顧客將會更覺得這筆交易有價值。這對於那些非推銷員的我們來說，當我們試圖要影響週遭的人時，也是一樣的道理。你可能沒辦法將別人的水加滿，但是你至少可以加點水——盡可能地加水。

小祕方1：去了解你的上司、你的同儕、你的部下的問題。找出他們的目標是什麼。看一看這和你的目標之間有沒有交集。

2：要將你的想法推銷出去，有時候得多花一點時間讓被推銷的點子更臻完美。

永遠發揮 WIIFM 最大的極限。每一個推銷員都很清楚 WIIFM 是什麼，但是很奇怪的是大家都會忘記要做這件事。WIIFM 就是**這對我有什麼好處的意思**〔What's in it for me〕。這個**我**，指的當然是那個你想要影響的人。對他們來說，接受你的建議到底有什麼好處呢？他們的買點何在呢？他們又為什麼要買你的帳呢？如果他們不覺得有必要接受你的建議，你要如何創造出這個需要呢？

對他們來說，這到底有什麼好處呢？

一個第三世界的建築師有一回在地震帶上設計了一棟高聳的住宅大樓。在施工期間，他發現公司訂購了次等的鋼筋。所以他是怎麼解決這件事的呢？他有想過要衝進總裁的辦公室、對他舉起他的中指，然後大拍桌子。他也想過要威脅他們，或是說之以情。他甚至考慮過要去求他們。

然而他卻按兵不動，等到每週與總裁做例行報告的時候，在做完了簡報之後，這位建築師冷靜地說道：「你知道他們訂了一批跟我們原先所指定不一樣的鋼筋。其實還真不壞，幾乎是一樣的堅固，而且建材費也省了不少。通常我是無所謂的啦。但是由於我們實在太接近強烈的地震帶了，這會給我們帶來很大的麻煩。」

他從手提箱裡拿出一份簡報，然後放到桌上去。那是關於在一九九九年的土耳其大地震之後，幾個土耳其建築商被迫逃離自己國家的報導，其中有幾個還在街上被人丟石頭。

「那幾個可憐的渾蛋用的就是同等級的鋼筋，」建築師如此解釋道，「在大部分的情況中，這些鋼筋是絕對沒問題的。但是我們在這裡可是要待上一輩子的，而地震是遲早要發生的事情。一出了事，那些政客一定會很快地推諉卸責，拒不承認是他們沒做好準備的工作。到時候我們就會成了待罪羔羊，以後就全都毀了。」

他沒說一句關於違法的事、也不針對到底是誰改了訂單而提出指控、更沒提到大樓裡的兩百五十個居民可能會因此喪生。相反地，他說的是「以後就全都毀了」。他所提出的最強銷售點就是，以長期來看，這對公司跟總裁一點好處也沒有。

當然這是一個很極端的例子。大部分的時候我們並不是在處理法律上的問題，我們是在生死存亡的關頭。不論事情多大多小，你若想要達到目標，最好是讓別人知道這對他們最有利，而不是去命令、去詢問、或是去請求他們，或者是希望有一天他們會自己領悟、然後對你言聽計從。

這個道理有時連推銷員都不清楚。研究顯示，他們常常花了太多的時間在談論自己以及產品，而不是去討論顧客以及顧客的需求。

是誰在對誰做什麼事？

「你怎麼能這樣對我？」我有一次聽到一個推銷員對一個投效敵軍的顧客這樣咆哮。

這位顧客可沒對她怎麼樣。這位推銷員只是無法向顧客證明她的產品有其商業的利益。在商場上，我們對於身邊的人常常有這樣的態度：「你怎麼能這樣對我？」卻忽略了要跟他們證明，我們所呈現的商品對他們是具有商業利益的。

戴維斯帕森知道他的經理很討厭做預算。因為雖然花不了她多久的時間，這個工作還是很沉悶。而且她會被綁在辦公室裡，不能將有用的時間花在外頭的業務上。當戴維斯的升遷要求被拒絕的時候，他提出的建議是他可以多做一點工作，這樣他的加薪就合理化了。而在這些建議中也包含了擬定預算的工作。他的老闆於是加了他的薪水，也讓他空出更多的時間來，好執行這額外的工作。

一個有力的策略

有操守的行銷其目標應該是己立立人、己達達人的。幫助別人達成他們的目標並不是在做慈善事業，而是一個邁向成功的有力策略。我們推銷以達成交易的方式，是在跟別人解釋其中的好處、是在跟他們解釋這對他們有什麼樣的利益。藉由幫助別人達成其目標，你會發現在人生中、在職場裡、在業務上，你將能成就非凡。

一間便利商店就只是一間便利商店，對吧？也許。但是在其他商家平均賣不到七十五萬加崙的汽油時，「快街」〔QuikTrip〕便利商店卻能賣到三百萬加崙。當7-11的營業額低於一百萬美金的時候，他們卻能賺進兩百萬美金。他們是如何辦到的呢？那是因為他們付給店經理的薪水比同業高出了一倍。他們對所有的員工都有每月的紅利分享制度。他們除了提供股票選擇權之外，也提供不動產保險、以及兒童津貼帳戶。他們將利潤降低以提供消費者更好的價格，於是連鎖店便一間一間地開了下去。他們的店面也總是窗明几淨、並且隨時更新。

而且如果你擔心便宜的汽油沒好貨，他們的雖然價格低廉但絕對品質保證。如果你的車子發生了跟汽油相關的問題，而且你就是在快街便利商店加油的，他們也會對你的維修有所補償。連收據都不用，你的話就是你買賣的證明。如果汽車維修廠發現那是跟燃料有關的問題，那快街便利店就會付錢。一個從事市場行銷的人可能會認為這是在耍花招，但是一個推銷員會說這是很值得的做法。如果你不小心讓一張十五塊美金的支票跳票的話，銀行可能會把你當作重刑犯。但是一家便利商店卻認為你的話值好幾百塊美金的維修費。快街便利店不只是在幫人加油而已，他們在做的是將水加滿的工作，他們是在為其員工與顧客將水加滿。

小祕方：只要將心力放在對他們有什麼好處上頭，你自然就能得到屬於你的好處了。

讓與你交手的人知道，你所提供的東西能讓他或是她的人生、工作等等都變得更好、更方便、更物超所值。讓他們知道，這能讓他們週遭的人、尤其是他們的上司，對他們另眼相看。表現出你對他們的關心。也許解釋一下這個計畫如何在別人身上奏效，好讓他們安心。

換句話說，要將價值證明出來。

「我曾經被一個很不注重衛生的同事性騷擾。」一個女性的太空人員這樣說道：「我的老闆還算是常常洗澡的，但是比起這位性騷擾的同事，他在衛生習慣上也好不到哪去。所以我並沒有跑去跟他抱怨、因為如此一來他只會將這件事很快地拋在腦後。我試著讓他了解到，這樣的行為如何影響團隊工作、浪費公司時間、並且讓他達不到目標、升不了官。」

這位女士有權利抱怨嗎？當然有，但是讓上司了解到停止騷擾行為對他是有好處的，比起任何的抱怨都要來得更有效。

於是她就不是在抱怨了。她是在創造一種需求。在這個案例中，這個需求是這位上司之前所未發現的：也就是不要讓騷擾者搞砸了他們的團隊。

推銷解決之道

推銷員有時能強迫、強制、威脅、或是恐嚇顧客進行一份交易嗎？當然行。他們可以這樣做、而他們也真的這樣做。而且我們有時候也是這樣對待我們的老闆、下屬、以及同事。但是這樣做，這些顧客、老闆、下屬或是同事會真的心甘情願嗎？他們會全心全意地支持我們強迫他們所做出的決定嗎？如果下一次我們對他們有所求，他們會作何反應呢？

所以你就是在推銷：推銷你自己、你的想法、你的企畫案。就像是你推銷一個產品一樣。當然你無法真的推銷一個產品。全國最好的推銷員也無法推銷一個產品。沒有人可以辦的到。你能推銷的只是一個解決之道。你去發現需求、去將價值證明出來、然後將這些解決之道推銷給那些有此需求的人。

當我被雇為諮詢顧問與講師的時候，我總是不斷提醒自己，他們並不是真的將我買了下來。他們買的是我能讓他們賺錢的這個信念。他們付錢的原因是我能讓他們更體面。而人們尤其是他們的上司，也將會認為他們會將所分配到的錢都用在刀口上。

比方說你想要加薪好了。你可能可以跟你的老闆推銷說，你有達到目前的目標、並且詳細說明在上次加薪之後你為他和公司做了什麼。通常老闆們不用別人說就知道，讓員工保持生產力、讓最優秀的屬下快樂，對他來說最有利。但是有時候，他們還是需要別人提醒。

在會計部大家都知道安琪拉是不可或缺的人才，她的老闆也不例外。現在是該加安琪拉的薪水的時候了。但是若要加她的薪水，她的上司得費很大一番功夫，他得將此案往上呈、然後一路力爭到底。所以安琪拉從來不要求他為她加薪。相反地，她跟他說她是多麼地喜歡在會計部工作，而且她也希望這裡能成為她終身的志業。但問題是，信用部的主任一直在跟她說他那邊缺人，而這個空缺的酬勞要好得多。於是這個問題馬上成為了她上司的問題。

很快地安琪拉的老闆在接下來的幾個月當中，給安琪拉加了幾次薪、並且也讓她升等。一年之後，雖然做著相同的工作，但她的收入已躍升了百分之三十三。她的老闆跟她說：「我希望確定的一件事就是，妳賺的錢多到妳永遠都捨不得離開這裡。」

你需要一間大一點的辦公室的原因，並不是因為你喜歡用權力建構你的王國。你有此需要是因為這能增進你的生產力、也能增進部門的生產力，因為你需要一個開會的空間。或是如果與顧客談生意的時候，他們發現你根本不受公司重視，竟然連一間好一點的辦公室也不提供，他們會因此覺得跟著受到藐視。起碼公司能給你一扇門吧！

你不是在推銷資金重新分配的計畫。你在推銷的是安全感與心靈的平靜。你是在向你的老闆以及他的老闆推銷一個機會，好讓他們看起來更體面、銷售數字更好、以及更能取得其上司的信任，也就是最終能得到更好的評等、更優的薪水、以及更快速的升遷。當你要對下屬或是同事推銷你的想法時，也是同樣的情況。

當你找不到完美的人才時

有一回在我的座談會上，一個與會者站了起來、向大家介紹他是蘭斯朵夫先生，然後他向我問道：「如果在我服務的公司裡全都是一群麻木不仁的傢伙，我要怎麼辦？」雖然這位蘭斯朵夫先生的待遇相當不錯，但是他認為他的部下從來沒有達到他僱用他們時所希望的標準。至於對他的上司，「他根本不在乎我的問題。他大概十分希望能將我的整個部門拋至九霄雲外。」

「所以你到底希望的是什麼？」我問。

「我希望的是大家能做他們應該要做的工作，並且用應該有的態度來執行。」

「這話的意思是？」我問。

「在基本的要求之外多付出一點，為公司多盡一份心力。大家都希望能不勞而獲。」

「難道你不希望嗎？」

「喂，我賺的可是辛苦錢啊。」蘭斯朵夫先生這樣堅稱道。「我會額外地付出心力。」

「而你會因此獲得……」

「什麼也沒有，這就是重點了，我什麼也得不到。」

「所以你這樣子打算能撐多久？」

「撐不久了，相信我。」

「但是你卻希望在不給予回報的情況下，別人能額外地付出心力？你這樣不就等於是在希望不勞而獲嗎？」

「我只希望人們能做他們應該要做的事情。」

「所以我們現在在談的是道德和倫理囉？是關於人們應該要怎麼做的問題？」

「完全正確。」他說。

「所以身為一個經理，你的管理能力是以人們做應該要做的事為基礎？要不然的話你就無法達成預定的目標？」

「當然啊。沒有人在做應該要做的事，起碼在我的公司裡是這樣子。」

「所以為了達成目標，難道你不應該試著去找另一個方法，來管理你目前所擁有的人員，而不是去管理那些顯然不存在的完美人才？反正在你們公司也不存在這樣的人？」

「顯而易見。」

顯而易見，答對了！我想。我覺得自己好像是蘇格拉底，在用問答法教學生。當然後來就有人提醒我，有一個小學三年級的學生做了一個有名的報告：「蘇格拉底是一個希臘的哲學家，他到處給別人建議，然後就被毒死了。」

蘇格拉底的方法可見一斑。

顯而易見，蘭斯朵夫說。但如果這是一件那麼明顯的事，為什麼在無利可圖的情況下，他還要別人多付出一份心力呢？即使他們真的接受了他良心的建議，他們的熱情又能支撐多久呢？」

你無法推銷一只空杯子

為什麼我們總是像蘭斯朵夫先生一樣呢？崔西要她的上司幫她一個大忙、讓她升等。但是對他來說，那一點好處也沒有。雖然沒了崔西，他的工作會更加的困難。他是一個好人，他可能可以幫她。但是如果這件事能讓他多一個經營上的盟友、或者為公司多培養一個管理階層、或是能將崔西的位置空出來、好獎勵她下面的優秀人才、或是使得人才不至流失，難道他不會更心甘情願地去完成這件事嗎？

這是顯而易見的事。如果你不提供一些獎賞，你就無法跟認何人推銷任何東西。你若只是拿出一只空杯子，只是問說：「你要買雜誌嗎？」誰會有興趣呢？這是很顯而易見的，然而我們都忘了這件事。經常如此。我們都希望倫理道德、宗教或是人格的特質，能將動機的缺乏彌補起來。

當你一點好處也得不到的時候，你的個性會讓你無私地為別人的利益奉獻嗎？如果你是這樣的人，請撥一通電話給我，我需要像你這樣的人來為我工作。

小祕方：如果我認為照你的規則、制度、程序以及傳統或是道德規範來做事，我一定會全盤皆輸的話，那就別希望我會走這條路。

如果有老闆跟你說，他們請不起好員工的話，那就表示他們不是好老闆。他們話裡的意思是，他們不會為你將水加滿、他們不會為人們提供充分的動機好達成他們的目標。這就是商場的遊戲規則。雙方都希望在交易中獲得好處。要不然的話，這就不是在做生意了，這是在做慈善事業。

小祕方：在商場中，你永遠別希望別人會大發慈悲。

盡可能地為你的上司、同事、下屬在杯裡加水，就像是朗坎貝爾為他的顧客做的一樣。為你所應為之事，好確定你所提供的是一筆貨真價實的交易。這會有你意想不到的效果。

蘭斯朵夫先生認為他是一個實際的人。他當然不是一個積極的思考者。但是他比起任何人都還要過度地樂觀。至少那些積極的過度樂觀主義者，會為暫時的動機舖一些糖霜、灌一點迷湯。但是蘭斯朵夫卻希望完全地不勞而獲。

奴隸工作很辛苦嗎？當他們不需賣力的時候，他們就不會賣力。拿薪水的奴隸再辛苦也只是適可而止。誰希望僱用的人只是拿薪水的奴隸呢？誰又希望跟一群拿薪水的奴隸工作、或是為他們工作呢？

當人們對一個計畫或是一個公司越有參與感，他們就越會努力的工作。若他們沒有參與感，他們就越不會投注心力。

讓別人輕易地說「好」

我知道這是商場，而大家都是領薪水的。也許他們在做的事情，剛好就跟你付錢要他們做的事情完全相同。那如果他們不做這些事情的話，他們還是會有錢拿嗎？生活還是能繼續下去，而不至於有太大的麻煩嗎？如果是這樣的話，那他們拿不拿薪水就不太重要了，不是嗎？有銀子的人就是老大沒錯。問題在於，這個老大得花上不少銀子、來強迫別人遵守他的規則。強迫他們去做應該要做的事情，而你得來的結果就是一個心不甘情不願的結果。

蘭斯朵夫不高興的原因是在於他的部下不能達成他的期望。這就是管理學的中心課題了。如果人們都能為所應為，那在職業訓練之後，我們根本就不需要經理了。

採購者就是要購買。至少推銷員是這樣相信的。但是如果你只是問他們要不要買雜誌，那他們永遠不可能將荷包打開。

你所佈置的情況，是容易讓別人「不」的嗎?或者你只是公事公辦、照程序來做而已。這有時可能比完全不做更糟糕。

這對他們來說有什麼好處?

盡可能地為他們加水。這是銷售法則的第一條。就像我跟推銷員說的一樣，即使有時候交易不成是買方的錯，但是沒達成交易的還是你。你要讓他們渴望買你的雜誌。

接下來，就大膽地要求他們的訂單了。

要求訂單

有時我們不太願意去要求我們想要的東西，尤其是得跟上司索求時。沒有人喜歡被拒絕。通常我們寧願不去問，也不願意被問了之後被拒絕。也許這個邏輯是：我可能得不到我想要的，但是至少我不會被拒絕。至少我的上司、同事、下屬、敵人之類的，不會知道我想要這個東西。

但是他們應該要知道。你可能聽過關於輪子嘎嘎作響的說法。「就在這裡，」在一家高轉業率的公司裡，他們常這樣說：「嘎嘎作響的輪子終於滑了出去。」太常的嘎嘎作響、太令人厭煩、太不便利的環境，都會讓這樣的事情發生。但是一個好的員工，會讓別人清楚知道他的要求、會強烈地表達他的期望，這樣才能引發上司的責任感，即使他在當時得拒絕這樣的請求。一個好的上司會試著對此做出補償、也會尋找恰當時機滿足這個需求。

不要害怕去詢問，不管你面對的是老闆、同事還是屬下。只有暗示是沒有用的。要讓他們知道這對他們來說益處多多。暗示通常太容易被搪塞過去；暗示會讓人太容易就得以敷衍了事。

小祕方：沒有人會主動來發掘你的好處或是你優秀的想法。有人說，如果你表現的很好而你不需要受到重視的話，那就是沒有人會來重視你了。這話值得我們好好想一想。

去詢問吧。真的是張開嘴巴去問喔。新出道的推銷員常常因為顧客叫他們把簡介和名片留下，然後說：「我會再打電話給你。」就輕易地被打發了。在商場中，很多的報告和提案就像這些簡介一樣被丟在一旁。而有時候，它們得到的注意也不過就是如此。

范尼華布西（Vannevar Bush）是雷西恩公司（Raytheon，譯註：此為一家大型空中防衛電子工程公司）的創辦人之一，也曾經是法蘭克林羅斯福的長期顧問。當他要提案的時候，他一定會親自到，並且盡力讓對方做出立即的決定。「我每次都會試著在進出五角大廈的時候，盡量不讓企畫案擱置在我身後。」他在《支配的力量》（Pieces of the Action）一書中如此寫道。

在亞特巴克華〔Art Buchwald，譯註：專欄作家〕的回憶錄中，他提及一個似乎是真實的故事。一個美國電影公司聯絡他們在法國的經理，通知他有一位電視台的董事長要一個人到巴黎玩。這位經理的任務是盡可能讓他有一趟愉快的旅行。

電視台的董事長到了，而他只有一個要求：他想與一位女性同伴共進晚餐。這位經理打了幾通電話，最後終於找到一位美麗的高級應召女郎。她的收費並不便宜，但是他同意照天數來付費。而且呢，他也會付全額的過夜費用。但是她不能跟電視台的董事長拿錢。

當晚，這位經理向此重要人物介紹他的晚餐女伴。隔天，她便到他的辦公室裡領取酬勞。再過一天亦復如此。這樣的情況持續了五天之久。最後，這位經理決定親自打電話到這電視台董事長下榻的飯店，希望了解一下這位「公關專家」在玩什麼花樣、而這又要持續多久。

他們愉快地聊了幾分鐘，然後經理很有技巧地問道：「所以你跟那位小姐進行的如何了啊？」

「很不錯呢，」電台台長興致勃勃地說：「我想我今晚要走運了。」

小祕方：如果你不去問的話，那你永遠得不到。

為他們將水加滿。你加得越多、越滿，你越容易做出要求。說不定就輪到你走運了。

第十一章　將你們的共通性找出來

在心理學當中，將人類分類的方法，幾乎跟心理學家的數量一樣多。行銷的訓練人員，常喜歡將人分成四類。但是在每一次訓練課程當中，這四類都不太一樣。且不論這到底是那四類——思想派、關係派、感覺派、行動派、或是在摸索中的、在胡扯淡的，管他是什麼，訓練人員總堅稱每一種類型都應該要用特定的方式來對待，交易才可能成功。

我從來記不得這些類型，而我也沒見過一個中等程度的銷售代表，在打電話的時候真的有注意這些規則。然而，你若能以他們的方式來跟他們溝通，這會是最強而有力也可能是最微妙的方式，銷售之道就在於此了。這對非推銷員來說，可能更有用，因為我們不需要像推銷員一樣，常常在一開始就要去克服來勢洶洶的抵擋和抗拒。

同理心的工程學

山謬麥特〔Samuel Metters〕是麥特工業〔Metters Industries〕工程公司的執行長，他曾對科技雜誌〔Technology magazine〕說道，雖然公司的人員都有優秀的科技才能，但是這間企業卻曾遭遇到客戶不再回流的困境。「我記得有一次向政府的仲介公司推出一個企畫案。當場我親眼看見我們的員工嚴厲地抨擊仲介代表的意見與想法。如果政府要在麥特工業與另一間擁有相同科技水準的公司之間作出抉擇的話，決策者大概會選擇後者，因為我們不懂得如何與人相處。」

所以麥特改變了他對理想員工的想法，「現在我找的員工，在個性裡需要有溫暖的一面。他們的社交技巧與科技才能的比例只要有七比三就可以了。現在客戶也終於開始回流。」

《訓練與發展雜誌》〔Training and Development magazine〕最近報導了一份研究報告，對象是另外一家主要的工程公司。「在這個團隊中最被珍惜、最有生產力的工程師，並不是那些智商最高、或是業績評等最好的員工，而是在人際關係、同理心、團隊合作、說服力以及製造共識上表現最好的人。」

將北愛爾蘭共通的一面表現出來

當我在訓練行銷人員的時候，我都會這樣說，「將你們共通的一面表現出來」以建立與顧客的關係。這句話的意思其實就是，將你跟客戶最相似的地方表現出來。所以他們會覺得你跟他們是一樣的，他們能夠了解你、而你是一個值得信賴的人。我們都比較會去信任、或是跟志同道合的人打交道、做買賣。

喬治米契爾〔George Mitchell，美國政治家，致力於和平運動〕曾試著要讓在北愛爾蘭的新教徒與天主教徒和平相處，以挽救面臨崩解的「耶穌救難日協定」〔Good Friday Agreement〕。但是大衛村柏〔David Trimble〕以及他的奧斯特統一黨員〔Ulster Unionists〕在開會的時候，會坐在桌子的一邊，而傑利亞當斯〔Gerry Adams〕和他的新芬獨立黨員〔Sinn Fein〕則會坐在談判桌的另一邊。數個小時下來，他們只會互相責備、將和平談判失敗的責任推到對方身上。

所以喬治米契爾怎麼做呢?他將會談的地點從氣氛緊張的貝爾發斯特，移到在倫敦舒適、放鬆的美國大使館。會議桌不見了、取而代之的柔軟的躺椅以及鋪了毛毯的椅子。這兩個死對頭一起在院子裡散了步、並且共進晚餐。

「我堅持在晚餐的時候，不讓大家有固定的座位。」根據舊金山時報的報導，米契爾如此說道。「不是統派坐在一邊、而獨派坐在一邊的局面。大家都混著坐、隨便坐，而且也不談判了。我們只談家庭、運動、釣魚之類的事情，漸漸地氣氛就和緩了起來。」

他們閒聊著、慢慢地認識了彼此。然後他們談到了問題的核心，在將想法付諸於文字之前，他們面對面地協調，好讓雙方都有辯論的空間。當他們不了解對方的意思時，米契爾便讓他們回到原先的協調狀態、直到把話說清楚為止。在適當的時候，他也會常常提出他想要問的問題。

「然後呢，」根據消息來源指出：「在互信互諒的情況中，一份合約的草案就此成形。這樣的結果真是出人意料。」

換句話說，他們能設身處地的為對方著想了。

共通性

「沒有人能夠與毫無共通性的人做生意。」一個傑出的銷售員曾如此告訴我。「為了要達到目標，我得要讓人能與我有『共通性』才行。」

如果你希望能說服別人——對他們銷售你自己、你的願景、或是你的企畫案，你得要讓人能與你有共通性才行。而為了要讓自己更能與人有共通性，你得要將自己與對方相似的部分表現出來。我們每一個人都有其特殊而不同的人格優點，但是這些人格特質在我們每個人的身上其實都找得到，只是程度不同而已。

所以並不是要你去假裝什麼。這也不是在操縱別人。更不是在演戲。也或許這像是一種最佳的表演，就像是馬龍白蘭度或是勞勃狄尼洛在自己身上發現了跟角色的共通性。這是關於了解與你交手的人。對他產生同理心、甚至進而喜歡上他。

小祕方1：試著去喜歡跟你打交道的人。

2：再試用力一點。

你可以試著喜歡那些你必須要與之打交道的人。要不然你也可以變成那些暗中憎惡顧客的平庸推銷員。他們總愛說他們把顧客「牢牢釘死了」、或是「狠狠地敲了一頓」。他們厭惡顧客的原因，是因為他們對這些推銷員的命運有主宰的權力。

「這是我們跟他們的戰爭，就是那些競爭對手、企業的看門狗、以及顧客。」大衛朵賽﹝David Dorsey﹞在《勢力》﹝The Force﹞一書中如此寫道。這本書在探索的是商場上一種由來已久的推銷勢力。

而且，「帕西塔﹝一位行銷經理﹞興致一來，就會將他最優秀的銷售代表稱為「殺手」，而其中最最優秀的尼爾森會被他稱為「職業殺手」，大概是表示他比其他的業餘殺手還要高出一籌。」

跟擁有這種心態的銷售人員中做買賣，誰不會擔心呢？朵賽的書是在一九九四年寫成的。雖然我們嘴上在讚揚的是另一種態度，但是這樣的思考模式仍然是相當的普遍，雖然大家都不承認。

而且我們大多數人，雖然不是推銷員，但也會對同事、屬下以及老闆養成類似的態度。因為常常他們好像也對我們的命運有主宰的權力，就如同顧客之於推銷員一樣。要恨他們是很容易的事。

試著去喜歡他們吧。試著去尊重他們。如果你認為商場就是戰場，那別忘了在戰爭中，最先戰亡的就是真理。而最先戰亡的真理就是我們忽略了敵人跟我們一樣也是人，有好的一面、也有壞的一面、有希望也有夢想。這個人跟我們一樣，可能都具有同樣的信念。

小祕方1：別人並不是壞人。

2：對於那些試圖抹黑對手的人，你要防著他一點。

如果你想要打仗打一輩子的話，這一種與樂觀主義完全相反的態度，其實也無妨。要殺死一個惡魔、比起要殺死一個跟我們一樣的人，要簡單的多了。雖然即使是在戰爭中，我想如果你是打仗的人，你最好還是對於敵人有很清楚的、非教條式的態度。

但是你的同事、屬下、甚至你的老闆，都不應該是你的敵人。這種態度你應該盡量避免。你的顧客，或是你所任職的公司的顧客，永遠都不應該是你的敵人。因為你的競爭對手可都急著要將他們招攬成盟友呢。

小祕方：我們在談的是內在的顧客，但是你要眞的去試著用最優秀的推銷員對待他們顧客的方式、來對待你的同事。而不是用職業殺手的方式或是抹黑的手段來對待他們。

致力於創造力研究的麥克凡斯（Mike Vance）說，戴爾卡內基（Dale Carnegie）的建議基本上是：「即使你不願意的時候，也還是應該要微笑。」，但是其實應該是「找一個微笑的理由，這樣你笑的時候才會心甘情願。」

還有兩個大師也如是說

你不需要信任那些跟你一起工作的人，就好像你不需要信任你的顧客。你大可以對他們小心翼翼。但在另一方面，他們應該要能夠信任你。

小祕方：耶穌這位執行長以及聖人法蘭克都告訴我們，有時候你最好能同情那些給你帶來麻煩的人，因爲要憎惡的是罪惡本身、而不應該是犯罪的人。

你的屬下錯過了開會的時間。他不是要故意給你難看的。他有他的理由。他說不定還認為那是個好理由。但你可能不那麼想——你甚至得讓他知道你的不以為然。但是這是對事不對人的，別把個人的情緒放進去。

有一個管理專家曾談到綠野仙蹤裡一個有名的場景。小狗托托掀開了簾幕，然後我們發現這個巫師其實是假的，他只是靠科技來偽裝成巫師的。桃樂絲一看之下非常的生氣，畢竟她可是千辛萬苦才找到他，而且她也覺得他是欺騙了她，她不禁破口大罵，指控他是個壞人。

「我不是一個壞人，」這個騙子這樣說：「我只是一個壞巫師。」

在我們自己的故事中，我們都是英雄。「你在別人的眼中可能是個渾蛋，但是沒人會覺得自己是渾蛋。」你的同事、屬下、或是上司，其實大多是好人。有些人只是一個壞巫師罷了。有時候還是那種很壞的巫師。但大多數的時候，這些都是對事不對人的，只要你不要把它當成是衝著你來，你在這場遊戲中就能遙遙領先了。

有智慧的喇嘛

一個好的推銷員一定會試著跟顧客站在同一邊、成為好夥伴。當她遭遇了反對的意見，她不會將之認為是她個人的問題、浪費她的精力、或是毀了一個建立良好關係的契機。達賴喇嘛呼籲我們要在精神層面上，練習「卸下內在的憤怒與妒忌」。這在商場上也十分有效。

即使別人是衝著你來的，你若讓事件影響到你的心情，這對你來說又有什麼好處呢？「毫無疑問地我的老闆是一個大問題。」一位與會者在一場演說之後，寄給我這樣一份電子郵件。「但是自從你說到關於我的工作，我是被她付錢僱用來將事情做到她要的樣子、是要去幫助她、而不是讓她的生活更加困難，之後，我真的受益良多。」

而在這之後，這位先生就和他的老闆過著幸福快樂的日子。嗯，不見得。為了童叟無欺，我得要承認這個傢伙不到一年之後就另謀高就了。但是至少他是愉快地離開的。在我演講時看過他談他老闆的樣子之後，我很慶幸他辭職時沒有發生流血衝突。在大師這一行中，有些戰役的勝利是要比其他的來得漂亮點。

小祕方：別人如何對待我們，我們就會如何對待他們。你的老闆也不例外。你的同事或是下屬當然也是如此。如何與他們相處是你工作的一部分，這也決定了主管們如何看待你的方式。

推銷員是被雇來與顧客做好關係的。而你則是被雇來與共事的人、你的上司、你的下屬和睦相處的。當然這也包括公司的顧客。

即使互相憎惡與怨恨不會導致流血衝突，也會摧毀互信互諒的關係。缺乏互相諒解則會讓溝通變得困難。因為你有時的確要去說服你的同事、你的老闆、你的屬下、你的顧客，以及你自己。

小祕方：憤怒，尤其具有正義感的憤怒，有時候比海洛英還會令人上癮。我們絕大多數的人總是會陷在其中而不自拔。無怪乎那些叩應節目如此受歡迎。憤怒是同情心的首號殺手。要把這個癮戒掉很不容易，我自己就是過來人，但是你不妨試試看。

小祕方：試著同情你自己。你也不是個惡魔啊。

離絲襪遠一點

有時當你「將彼此共通的一面表現出來」的時候，你將發現你的行為會跟別人的相去不遠。在潛意識的層面，你所展現的姿勢甚至會與對方相呼應。你們的肢體語言、你們的動作、你們的表達方式、你們的發言模式、甚至於你們的呼吸都會互相呼應。

「當我第一次嘗試這種互相呼應的方法，」一位協理這樣跟我報告，「我以為老闆馬上就會發現了、並且會以為我是在拍他馬屁。但是他從來沒發現過。而自從我試著跟他的行為相互呼應之後，他較能採納我的建議、並且更能接受我的想法。這真是不可思議。」

這完全是出自善意的。但是仍要小心行事。將你們共通的一面表現出來是一個很有力的策略。但模仿別人、假裝成別人則不會讓你、你的老闆、或是你要相處的人感到愉快。你不需要像那一個狡猾的經理一樣，讓大家以為只要他的老闆一換成女人，他就會跟著穿起絲襪來。

而將你們共通的一面表現出來，並不代表你要跟別人做一樣的事情。尤其是當對方很偏激或是很具侵略性的時候。當然有時候遇到那些愛抱怨、愛大聲嚷嚷的人，最好的方法就要給他嚷回去。但是這種方法最好是有專業人員協助。（若不是推銷員就是專業的心理諮商師。）

這個策略所隱含的涵義是，如果你變成像他一樣的人，你就能了解什麼才能讓你充滿動力。這就是所謂的同理心了。你要仔細地去觀察、去傾聽——讓他有發言權，就如同你也需要發言權一樣。並且讓你的所作所為都能清楚地顯示出你有在傾聽。

這樣他才能體會到你們都是同一種族類。

我們多少都會對別人做這樣的事情。就如同作家莎拉歐恩吉薇特（Sarah Orne Jewett）所說的：「圓滑其實就是去閱讀別人的想法與心情。」而我們絕大多數的人其實多少都是圓滑的。這裡只是要將想法與心情的閱讀推到一個較高的層次罷了。

溝通

將你們的共通性表現出來，就是要以對方感到舒適的方式來與之溝通。你絕對可以將自己調整成對方的頻率，而依然還是百分之百的你。如果她是很公事公辦、一板一眼，那你若太放鬆、太隨便就會令她感到不舒服。如果她是比較隨性的，那你若太拘束、太一板一眼，就會讓她感到不自在。對於一個婉轉圓滑的人，你不需用直截了當的方式，反之亦然。

如果你面對的是一個慢條斯理的傢伙，你就不能急躁行事。如果他是個急性子，若你說話慢吞吞的話，他也會不耐煩的。

另外提供一個秘訣：男女大不同。這聽來有點陳腔濫調，但是一般來說，推銷員都知道這句話裡自有其道理，也就是說，與男性溝通時，最好強調訊息與問題的解決之道，而面對女性時，則強調之間的關係。

然而，如果女人真的是來自水星、男人真的是來自火星，那麼這兩個星球以及其居民，相似之處應該遠大於相異之處。

現在我們都知道，如果要用一些文化的或是種族的刻板印象傳達訊息，你可能只會把事情搞砸、或是觸怒別人。然而，這還是能夠幫助你了解不同文化之間的差異，不管是不同國家的、或是不同社群的。不同的文化，當然是不同的。在美國，隆乳手術的增大率是百分之三十三，遠比在歐洲的要來的高。銀行家和越野登山家當然有不同的社群文化，然而在美國最美妙的事情就是——不不不，這可跟胸部的大小無關——以及大致說來在人類世界最美妙的一件事，就是我們的人格中有太多的相似處。然而，對於一個二十八歲的長髮越野家，以及一個中年的、努力賺錢想買第一部法拉力的投資銀行家，你得尋求不同的共通管道來溝通才行。

策略：用對方的語言來與之交談，注意他們所使用的詞彙以及他們所熟悉的概念。

　　這就是溝通之道了。

小心別亂用行話。如果你不懂，就不要用。如果你硬說的話，只會證明你的無知、並且讓對方知道你跟他們多不一樣。有時參雜一點行話以表現你的專業知識，是無妨的。但是只要一點就夠了。並且你要確定對方真的聽得懂。

行話、拐彎抹角、胡扯淡、以及不自然的長篇大論、商業演說，通常都只會在人與人之間建立起一道牆。即使是誤認為你很聰明的人，也會對你的自大敬而遠之。

我有一次跟一個產品經理在公司的雞尾酒會裡閒聊，她的老闆走過來問她說：「你覺得我今天早上的演講怎麼樣？」

「還是一樣啊，漢克，你總讓我想起林肯。」

「妳總是這樣說。」他微笑道。

「你就是這樣啊。」

「林肯？」漢克走了之後我這樣問道。我也聽了這一場演說。林肯的蓋茲堡演說（the Gettysburg Address）只花了七分鐘。漢克光花在感謝主持人的時間就不只於此。那會議室裡大概有些人一輩子也不會原諒這位主持人。

「林肯啊，」產品經理這樣堅持道。「每一次漢克張開他那博學的大嘴，我就想起林肯，以及林肯談過的另一位政治家：那位傢伙能將一個芝麻綠豆的事情扯出長篇大論的演說來。」

我有一個朋友做的是低薪的兼職工作，他常常都面臨著破產的窘境。一直到了八〇年代，他才了解到，他根本沒破產，他只是有「手頭很緊」的困擾而已。這對於他以及其他人來說，比起直接說他一星期只賺一百六十五美金，聽起來都冠冕堂皇許多。

如何數豆子本身已經成為了一件十分重要的事情，甚至連你使用何種單位來數豆子都變得舉足輕重。至於那一間資本額有五億美金、但在五年內從沒賺過一分錢的高科技新興工業呢？那有什麼問題，他們只需要將他們的運作「轉化成資金」就可以了。

一家航空公司在其年度報告中，列舉了一筆數百萬美金的保險收入，其名目為「一架七四七非自願的改造」。

其實這架飛機墜機了。

除了他們固有的愚蠢、做作、以及說話不清不楚之外，這樣的拐彎抹角常常是為殘酷的現實作掩護的。而且我們也都很清楚。或是真的有人相信，「縮小編制」這樣的說辭會比「裁員」讓失去工作的員工感覺好一點？

策略：對於那些你想要影響的人，要選擇最適當的時間與地點去接近他。如果你的同事不喜歡在辦公室外談論公事，可別在他老婆的生日派對上逮住他，跟他提你最新的企畫案。如果你的老闆是那種早上心情不好的人，你幹麼在早上八點十五分他連第一杯咖啡都還沒喝的時候，就要跟他說話呢？在他錯過了重要的會議，或是在星期一早上覺得很憂鬱、甚至是剛放假回來的時候，你更不應該去煩他。

當然啦，人之所以為人，總是有千百種方法迴避我們所為他們創造的小框框、並且不受歸類。有時候原本是很圓滑的人會一下子正經八百起來。有時候慢郎中也會說話像是機鬪槍一樣。那個有星期一憂鬱症的老闆，可能也會突然沒事做。這也就是為什麼發掘你們之間的共通性是一門藝術、而不是科學。你必須要因材施教、因地制宜，而不是只遵循某一種人格分類的系統。

小祕方：你要對別人敞開心胸去觀察。去看到他們是怎樣的人、去了解他們行爲與溝通的方式。去傾聽他們的意見、需要、以及他們的渴望。

然而，雖然市面上有那麼多將人類分類的方法，不管你採取的是哪一種，我們的相似處還是遠大於相異處。也就是這樣的一個事實，讓你得以「將你們的共通性發揮出來」。就像我之前說的，我們每一個人可能都有不同的人格特長，但是其實我們每個人都擁有這些人格特質，只是程度上有所差別而已。

會有一些人你完全找不到共通性嗎？當然囉，這樣的人一直都有，以後也還是會出現。會有一些人你覺得根本不值得找出彼此的共通性嗎？如果你想要跟他們推銷你的企畫案、你的想法或是你自己，那他們就是值得你去努力的。

你的同事之中，有些人你可能根本不想去跟他們打交道，就像有些顧客也是推銷員敬而遠之的。這無所謂，如果你永遠都不想跟他們有任何瓜葛的話。而且，就像他們所說的，永遠是一段很長的時間。

小祕方：即使是那些非決策者，也能對於決策有影響力，尤其當決策是由一個團隊所制定的時候。

溫士頓邱吉爾（Winston Churchill）曾說：「當山寨大王就在同一個房間的時候，你絕不要去跟小嘍囉討論事情。」也就是說，你要很清楚知道誰才是決策者，並且要去說服這位決策者。但是如果你把別人當成小嘍囉——如果你忽視了其他在場的人、或是將別人排除在外——那個人也會想盡辦法讓你變成小嘍囉的。

小祕方：當決策者身邊的人都同意他的決定時，這位決策者也會更容易做出決定來。所以當你決定某些人不值得花費心力的時候，請牢記這一點。

難以相處的人

而如果你真的花了心力，結果將會大出你意外。我認識一位女性，被同事認為她「是我所見過最不善解人意、最自我中心的推銷員，在事業上很成功，但是在做人這件事情上徹底失敗」。她的大部分同事也都這樣想。而且我得要承認，當我第一次見到她的時候，也有同樣的感想。後來我發現到，其實她的「不善解人意」都是在暗中地幫助朋友、熟人、甚至是陌生人。這個發現讓我們對自己的所作所為，感到很慚愧。

要把她當成惡魔是一件很有趣的事。但是這不只妨礙了公事，也是不正確的態度。我很希望能說，發現了她的慷慨與人性化的一面之後，讓與她之間的相處變得很容易。但是其實不然。不過的確是容易了一點。

有一個我們大家大概都不會花精神去了解的人曾這樣說道：「我在大多數人的眼中是什麼樣子的呢？是一無是處的、一個怪異、不受認同的人。是一個沒有社會地位、也永遠不會有社會地位的人。非常好，即使這是真的，我還是想要藉著我的作品，表達出一個一無是處的人的真心。」這個傢伙，其實就是梵谷。你現在如果想要跟他喝幾杯酒，要付出什麼樣的代價呢？﹝即使他要借給你一隻耳朵，你大概也不會覺得不自在了吧。﹞

大概這世界上再也不會有比梵谷更難相處的人了吧。然而他卻是有史以來最受歡迎的畫家。也許如果他不是那麼難以相處的話，就某一個程度來說，他也許就不會成為這麼受歡迎的畫家了。

自信地盯著他的鼻樑？

將共通性展現出來，能讓你建立關係、製造舒適的氣氛、並且讓跟你相處的人能放鬆下來。

策略1：比在你的辦公室，他當然在他的辦公室裡要來得自在許多。

策略2：如果他是長官或是同事，而你能讓他坐下來、而非站著的話，你就會有更充裕的時間提出你的企畫案。

策略3：對於建立關係這件事，眼睛的接觸應該是最重要的了。如果你真的無法接觸別人的眼睛，那麼就有自信地盯著他的鼻樑吧。他仍然能與你有眼神的交流，而且如此你也能以一種俯角的態度來看他。當然這只在不得已的情況下才能作。眼神的交流並不是要讓對方感到不自在的。

放在壁爐上的是什麼？

策略：當你在某人的辦公室或是工作場合中，要仔細觀察。

到府推銷的推銷員，通常都會對客戶家中壁爐上的飾品發表一番意見，因為那裡通常放著人們最感驕傲的東西。而人們的辦公室通常也會堆滿了他們人格、態度、以及興趣中的線索。這是發掘共通性的好地點、也是建立起關係與對談的絕佳起點。

去注意那些照片、獎牌、獎座以及其他的紀念品。他們讀的是什麼雜誌呢？人們所選擇的壁紙顏色能顯示出他們的個性。他們所張貼的漫畫圖案以及標語也是。那個跟你面是的傢伙，可不是因為這次面談，才將那幅巨大的海報貼上的。

有一天當我為路易西安那州的一位顧客做諮詢的時候，我為一位銷售代表作實地的訓練，他名叫夏茲。夏茲那一陣子得到的回應都很冷淡——至少對西南的路易西安那來說是如此。在紐約市裡，他的態度會被認為是熱情洋溢、甚至是過度地熱情洋溢。但是，雖然夏茲是個可親的人，而且那間公司也認為他潛力無窮，他還是無法與顧客建立立即的關係，而這點讓他十分挫折。

就在我跟他談到要觀察顧客的辦公室之後不久，我們就走進了一間滿滿是棒球棒、棒球紀念品以及棒球獎座的商店。夏茲丟給我一個微笑。

「成交了，」我輕聲說道：「只是數量多少的問題而已。」

商店主人走了過來，然後夏茲為我們做介紹。在西南的路易西安那州，要談生意之前，你得至少花十五分鐘搞清楚誰跟誰是什麼親戚關係。但是夏茲完全略過他跟店長同姓的事實。他馬上就談到了棒球。這位店長的眼睛馬上就像棒球場上的場燈一樣亮了起來。我知道在幾分鐘之內，夏茲就會有一番很好的表現，並且以物美價廉的方式將產品推銷給這位店長。但是我知道他成交的原因並不在此。他能成交是因為他手上戴的戒指，正是路易西安那大學聯盟冠軍的戒指，他會很快地引進這個話題，並且提到幾個知名的大聯盟球員正是他的好朋友。

說教與頂撞的態度

要觀察環境，要觀察人。你如果不仔細地觀察對方，你又如何才能找出彼此的共通性呢？也就是你要將注意力從自己身上轉移開來，並且根據你所得到的資訊來做調整。就像是世界上的每一個推銷員都清楚的，即使是簡單的傾聽，對我們絕大多數的人來說也都還是不簡單。將你們的共通性發揮出來，需要更深刻的傾聽與觀察。

接下來我要說的一則故事，是幾家全國性的刊物對我做過的報導。我從來沒有證實過這篇報導，我現在也不打算這麼做。但是我要再重複說一次這則故事，因為這則故事能說明我所要談的論點。﹝現在我正在將關於我的流言流語傳播出去，於是關於我自己的生命紀錄，我就不是唯一的權威了。﹞

我曾有一位知名、並且有權有勢的參議員客戶，我們的工作內容是改善他的人際推銷技術。根據《銷售力雜誌》﹝Selling Power﹞的報導，過程是這樣的：

馬哈在華盛頓的第二天，他為這位參議員設定了一個角色扮演的遊戲，而這位參議員很快地就變成一個在杯葛議案的議員。據說馬哈插嘴道：「參議員，閉嘴！」

參議員在一陣錯愕中，真的照做了——起碼是安靜了一會兒。但是每一次他要開口說話的時候，馬哈就會打斷他，壓過他的談話，讓他連一個音節也插不進來。當馬哈開始在他面前搖搖手、對他諄諄教誨的時候，這位參議員簡直接近了癱瘓的程度。這時馬哈播放了一捲錄影帶，在影片中，參議員做的就跟馬哈做的一模一樣。只不過對象是另一位權力較低的立法委員，但是這位參議員仍然需要他的一票。

我合作的對象包括國內一些聰明絕頂的人，而且我也對所有的客戶尊敬有加。但是如果我曾經做過以上這件事情的話，那只是因為有時候你必須讓有些人了解到，他們對於那些他們想說服的人，會造成怎麼樣的印象。

大部分的推銷員都了解到，那個他們可以頂撞顧客、強迫推銷的日子，早已不再了。我們其他人也應該了解到這一點。尤其是那些位於管理階層的人。因為雖然我們對於上司從不用說教、頂撞的態度，對於同事也很少這麼做，但是我們很多人對於下屬還是這付德性。這樣做是無法讓對方全心全意地給予熱情的支持的。

幾年前，《今日心理學》〔Psychology Today〕曾發表了一篇針對高級主管的報導，在那些事業大不如前與直步青雲的主管之間，做了一份比較。每況愈下的主管有些什麼共通的特質呢？那就是不善解人意：一種愛威脅恐嚇、罵人、折磨對方的領導風格。這也就是缺乏同情心、無法了解到彼此之間的共通性。

你可能以為自己是那種典型的壞老闆，但有一顆善良的心。所謂的「刀子口豆腐心」。但是那些與你共事的人，可能沒有相同的感想。

即使我們許多人不常去說教或是頂撞別人，但難免也會犯下不去傾聽的錯誤。也就是不去觀察別人。這在管理階層中更是特別嚴重的問題。主管們通常都說得太多，而聽得太少，不斷地說廢話、而浪費了別人的時間。

比較沒有權力的人則必須要表現出對他們的話有興趣。所以這些人就開始相信自己非常偉大，於是廢話就變得越來越多。我們都知道應該多花一點時間來聽別人在說什麼，但是我們卻很少這樣做。

如果權力在腐敗的話，那第一件腐敗的事情，就是我們腦中那個叫我們閉嘴的聲音消失了。

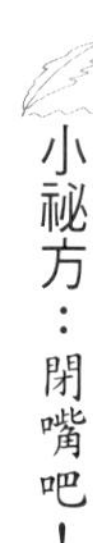

小祕方：閉嘴吧！

尋找事實

在銷售當中有一句格言：「說最多的人是輸家。」就像所有的格言一樣，這句話並不成立。首先，如果推銷員贏了而顧客輸了，那最終兩方都會是輸家。除此之外，這句話也有點誇張好笑。我這一輩子沒見過幾筆交易是在推銷員說的比顧客還少的情況下完成的。

在這誇大的格言背後，所代表的意義是，如果推銷員讓客戶說的越多（也就是他所能收集到的資訊越多、所尋找到的事實越完整）這筆交易也就越能成功。

你其實比推銷員更需要去傾聽。因為你所要建立的關係，遠比推銷員需要完成交易所建立的短暫而表面的關係，來得更為深遠。你所建立的人際關係，不僅要在緊要關卡發生作用，也要能讓你和與你共事的人一起度過長期工作中的紛紛擾擾與工作壓力。

所以，不要用推銷中立即見效的方式來發掘事實。你要慢慢地、長期地來做觀察。你比任何一個推銷員都還要有更多觀察的機會，別輕易放過了。

去傾聽。去發現你周遭的人所需要的東西。並且去發問。新聞記者是靠著從別人身上發掘資訊來維生的。根據記者們的說法，在英文中最有誘惑力的一句話是：「我想聽聽你的故事。」

跟別人詢問他們的故事。用人性化的方式來發掘這些故事：他們的興趣、嗜好、家人、以及人生的目標。不僅是因為這能建立彼此之間的關係，這也能使你對他們更感興趣，讓你們的合作更愉快。這也絕對會讓他們對你更感興趣。

但是，如果你對此人沒有真誠的興趣，那就最好別去問了。

小祕方：虛假的興趣比沒有興趣更糟糕，而且最後一定會敗露出來。你所面對的人若是越敏感，他就會越早發現你的虛假。

這也就是為什麼頭腦清楚的主管厭惡那些拍馬屁的人。這也就是為什麼那些諂媚的上層主管會被那些他們所諂媚的人厭惡。沒有人喜歡被玩弄於股掌之間、沒有人願意被施恩。

如果你真的覺得你週遭的人比辦公室的家具或是盆栽更無趣，你也許對他們還不夠了解。

找出興趣來、去傾聽、去觀察。然後，當你在推銷你自己、你的願景、或是你的企畫案的時候，做更多的傾聽、更多的觀察，並且提出更多的問題。這需要將你所面對的人也包含進來，讓你可以成為他的夥伴、而不是他的對手。你將能表現出你正在花費精力去發掘出他的需求、你想要滿足他的需求、而不只是將你的想法強加在他的身上。

在關係的建立之外，你越能了解對方、你就越能有效地與之溝通。他們的短期、或是長期的目標是什麼呢？他們認為最大的阻礙是什麼呢？他們目前的問題在哪裡呢？這些問題最理想的解決方式又是什麼呢？如果這些問題無法被解決的話，會帶來什麼不好的影響呢？

你能如何提供援手呢？

去發掘出他們有興趣的點：不僅要包含理智層面、也要包括感情的因素。我們總是不願意承認，其實有很多決定是來自於情感的層面、而非理智的抉擇。

「我也喜歡詢問別人他們的價值觀。」一位工會的談判代表這樣跟我說。「不是因為這能告訴我他們所珍視的事物。你其實只能從他們的行為當中發掘到這一點。但是他們所說的價值觀，通常能告訴你該用何種語言來與他們溝通，好讓你的提案能被接受。」他一定認識那位「以人為本位」的機構的副總裁，這位副總裁從未開除一個員工，他只是提供許多員工「在別處高就」的機會而已。很諷刺的是，這位副總裁是我所知道的、第一位被公司「升級」到別處的副總裁——他的老闆提供給他一個機會，好讓他到別間公司裡成功地成為一位小職員。

在適當的環境中，當你在發問的時候，你甚至可能還需要做筆記。這會幫助你記住內容，也能顯示出你多麼重視別人的意見。尤其適當你發問的原因某部分是要讓你發怒的老闆、同事、屬下、或是顧客發洩的時候，這個方式也特別的有效。

如果你要問的問題有點敏感，在問之前可以先徵求同意。你甚至可以先解釋你發問的原因，以及回答這些問題對他們有什麼好處。這樣可以使對方覺得一切仍在他們的掌握之中。

「你介意我問一個私人的問題嗎，弗列德?我之所以想知道是因為這能讓我了解，這個移交是不是對大家都有好處。」

「沒問題，問吧。」

「很好，如果你覺得這不干我的事，就說一聲。我只是想知道，你去年的收入是多少?」

策略：當有疑問的時候，就發問吧。在推銷的情況中，這是一個有效的普遍法則，在別的情況中也是如此。

有人曾說：「一個人聰不聰明可以從他的回答裡看出來，而一個人有沒有智慧則可以從他的問題裡發現。」

讓你的試探帶來對話的空間、而不是像在審判。傾聽對方的回答、並且去體會其中的意含。聽的時候別插嘴。練習讓別人說話。我們通常都太有興趣表達自己的意見。而且我們通常也都不太去掩飾這個事實。

策略：如果你需要從別人的身上找到更多的資訊，就在他回答完之後，靜靜地盯著他看吧。他會試著加入更多的細節好將沉默填滿。出庭的律師都用這一招，而這的確很有效。

你無法分辨發癢的腳趾與性渴望之間的差別嗎？

當然啦，蒐集資訊的問題在於，你所蒐集的資訊不一定是真確的。「買方通常都是騙子。」是那種老式的、好鬥的銷售員掛在嘴邊的格言。而如果對方越發覺你們志不同道不合，他越會將你當成對手而非合作夥伴，於是他也就不會跟你敞開心胸了。

小祕方：他不見得就要跟你敞開心胸的。

為對方設身處地的著想、將你們之間最共通的部分表現出來，並不代表著你要同意他所說的每一件事情。也許你得到的並不是很純淨、客觀的事實，你所得到的只是那間公司的基本立場、一個談判的角度、或是他認為最能激勵你的、或是最能從你身上獲利的答案。

很顯然地，如果你無法發現對方到底想要什麼，你就不能藉由幫助對方得到想要的東西、來達成你自己的目的。這需要額外的試探和傾聽、以及觀察，還有了解。

我總是在那些冷漠的肢體語言上灑一點順口的鹽。對於那些靠在椅背上、雙手環抱著前胸、看來很有防備心的客戶，我還是與他們達成了許多的交易。也許他們只是比較冷淡、或是愛沉思、也或許他們的椅子上沒有扶手。儘管專家們可能會說，當一個女人在你面前將雙腿交叉、並且晃動著腳尖的時候，這並不表示她就對你有興趣。這可能只是因為她的腳有點癢而已。

然而，很顯然地，我們的確會用肢體語言以及面部的表情來表達自己。握緊的拳頭、咬緊的牙根、或是突出的眼球，都是憤怒的暗示。如果有一隻裝滿了子彈的手槍指著你的頭，這大概是侵略的表示。根據一位肢體語言大師的說法，「當人覺得無聊的時候，他會將頭放在打開的掌心上，點頭的同時也順便讓眼皮得以垂下來。」如果這位傢伙真的開始打呼了，他大概也就不再聽你說話了。

所以當你沒有用腳指頭想也知道的肢體語言來提供暗示的時候，有時有些訊號能暗示類似的事情。當對方在回答之前有猶豫了一下嗎？或是他在回答的時候有猶豫嗎？他的姿勢很僵硬嗎？在每一句話結尾的時候他的語調有上揚嗎？在回答之前或是回答之間，他會開始坐立不安或是常常地碰觸自己嗎？

我曾經有一位員工，當他的回答並不是百分之百肯定的時候，他就會聳聳肩。另一位則是會搖搖頭，好像在表示她對自己說的話也抱持著懷疑的態度，這樣的訊號很明顯地告訴我，我得再多問幾個問題。

你越能將彼此的共通性表現出來，你們之間的關係就會越好、你也越能說服對方你是在為他將水加滿、而不只是為你自己將水加滿，這樣你也就越能得到事實的真相。你比任何的推銷員都更有時間去發展彼此的關係。讓關係的建立成為你另一項工作，就好像是推銷員份內的一項工作一樣。這很可能是一份最愉悅的工作。

小祕方：如果我對於某人的興趣，相較於對我自己的興趣只佔有百分之五的話，我會讓他知道我對他的興趣，比他認識的百分之九十九點九的人都還要來的多。這樣一來我就能建立起彼此的關係了。尋求幫助是建立關係最好的方式，尤其是面對那些你難以相處的人。因爲這舉動代表著尊敬、讓對方覺得你需要他們、並且暗示著你認爲她或是她的判斷以及她的經驗是有價值的。而且這也的確能讓你得到協助。在這之後，於適當的時機可別忘了要略表感謝之意。

理想的人選

我有一回問一個資深的主管，他希望找到怎麼樣的人來接手中級主管的任務。在他回答到一半的時候，他突然了解到他在描述的是怎樣的人。

「我猜我在找的是我自己吧，」他笑了起來，「只不過年輕一點罷了。」

如果能決定你升遷與否的人，會覺得你就是他們在找的人，那麼你被升級的希望就多得多了。通常這表示，他們在找的是像他們一樣的人。這也就是為什麼去假裝自己的性格而變成另外一個人是那麼地具有誘惑力。但是在模仿別人跟發揮彼此的共通性之間，還是有著一百八十度的差別。

小祕方1：永遠不要假裝成一個你不想要成爲的人。

2：永遠不要假裝成一個你想要成爲的人。

3：成為那個你想要成爲的人。

成為那個你想要成為的人。

但是要十分地確定那就是你想要成為的人。如果那不是你的話、不是你自己的延伸、不是那個你真的想要成為的人，那麼你就得要去尋找一條途徑，以你自己的方式、以及你想要的方式來成功。這就是完整性了。這也就是將水加滿之道。

若你變成一個你不想要變成的人，那你永遠都不可能成功。

這應該是很顯然的事實。藉由成為你想成為的人，你才得以成功。並且要以這樣的身分來尋找方法以獲致成功。當你相信自己的時候，推銷你自己要變得簡單多了。如果你出賣了你自己，你可能會發現沒有人、包括你自己在內，都不相信你。而且你也無法獲得一個領導者所需要的權威。商場上以及這個世界上，都已經有太多所謂的領導者，根本沒有人願意去相信了。

第十二章　成為一位專業的見證者

這間資訊科技公司的科技執行長曾很不高興地說道：「在我們高科技的產業裡，」她說：「當人們買我們的產品時，他們真的購買的是我們對於未來的概念。有些人對於我們公司的未來很有研發性的願景。但是不幸的是，現在公司只對市場以及同業競爭有興趣。執行長最愛說的一句話是：『可能早起的鳥兒有蟲吃，但是早起的蟲呢？而且也只有第二隻老鼠才吃得到乳酪啊。』不幸的是，我們從來不是第二隻老鼠、甚至連第三隻也不是。當我們終於走到那裡的時候，那些乳酪早就被吃光了。但是每一次我們其中的任何一個人想要把想法說出來的時候，我們的執行長總會將討論變成是在爭吵。所以最後我們只好讓他贏。」

「我們現在輸掉的是鳥、是蟲、是老鼠、也是乳酪。」另一位資深的主管這樣說。「其實我想執行長知道我們想法背後的邏輯，但是他一點不想要跟著這樣做。這讓我們每一次都好像在打獨立戰爭。」

你贏不了的爭執

這兩位主管所面臨的是一個基本的銷售問題。如果一個推銷員推銷得太用力了，她的客戶就會退縮，而推銷員就輸了。如果這位顧客太佔上風、而推銷員退縮的話，這位推銷員也就輸了。

每一位銷售代表都很清楚，對於顧客你永遠無法在爭執中贏得勝利。

我曾當過幾次專業的見證者。當你在法庭中以專業的見證者身分出現的時候，你有一個觀點要呈述，然後你就將之表達出來。接者你就被對方質詢。在被質詢的過程當中，你很快地就會發現對方的辯護律師想要你說的是什麼，而作為一位見證人，就是要為自己的觀點爭辯到底。畢竟，你是專業的見證人，你將你的專業放在聚光燈下，而他則試圖要攻擊你的地位。廣義地來說，他就是在攻擊你。

但是你這一方的辯護律師則會跟你說，如果你對他提出的每一個論點都爭論的話，那麼你就會失去作為一個專家公正客觀的聲譽。現在大家也都很清楚，你是這一方付了一大筆銀子請你來做見證人的，而他們花錢的原因則是因為你同意他們的看法。評審團也很清楚這件事。而如果他們不清楚的話，對方律師也會一定會將這點說出來。你需要盡可能地做出最好的表現，而你知道對方也會盡量地打一場最好的官司。但是你若越能表現出你代表的是客觀的真理，讓對方得到他們基本的點數，你就越能讓你的說法被接受。

而作為一為推銷員（我們每一個人有時候就是一個推銷員）你應該以一位專業見證者的身分表現你自己。首先，你要清楚地表現你的想法和立場，如果你是一位律師，你不需要假裝你不是。當我在推銷的時候，我甚至會說：「嘿，我不希望你忘記了我是抽佣金的。你若花越多的錢，我就賺的越多。現在我要解釋給你聽，為什麼你需要花越多的錢、好讓我賺更多的錢。」

「嘿，我知道支持這個重建工作對我來說很有好處，」你可以暗示或直接說：「但是這不表示這對公司就不是最好的選擇。原因如下……」

小祕方：你的見證若是越有現實作爲基礎，就越能信服人、越能被記得，也就越能抵擋住反方的質詢。

你先表明立場、然後你讓對方得到其基本的點數。他的基本的點數。讓我再重申一次，即使是一個律師，你若是越能表現出你的客觀與公正，你就能為自己的一方得到更多的點數。

小祕方：在一個非銷售的環境中（當你不是扮演一個律師的時候）若我們談的是一般的禮貌、有效的人際技巧、以及只是幫助別人得到他們想要的東西，這種專業見證的方法也一樣有效果。

亞伯拉罕林肯號症候群

馬歇爾芬斯坦是一間大型直接郵購企業中某一部門的主管。他的問題不在於他的老闆、而在於另一個部門的主管。「你談到了如何將我們的觀點推銷出去、確保我們得到所有的銷售點數。我倒很想看看誰能夠對我們的行銷主任做到這一點。這傢伙很顯然是太忙碌、太重要了，以至於他根本聽不進去別人說的話——而且他讓大家都很清楚知道這一點。我沒去壓他，但是我一開口他就來壓我。我從來沒機會發表我的意見。我所能做的要不是接受他的擠壓、要不就是反過來壓迫他。」

「反過來壓迫他有用嗎？」我問道。

「不怎麼有用。」

「這就是亞伯拉罕林肯號症候群了。」我說。

「這是什麼？」

亞伯拉罕林肯號症候群這個名字的由來，是起因於一九九五年十月，在加拿大紐芬蘭省海岸所發生的一起事件。以下是航空母艦亞伯拉罕林肯號與加拿大當局對話的真實紀錄：

美國：請將你前進的路線向北方轉十五度，以避免相撞。

加拿大：建議你們將前進的路線向南轉十五度，以避免相撞。

美國：我是美國海軍艦隊的船長，我再說一次，請改變你們的路線。

加拿大：不，我再說一次，你改變你們的路線。

美國：這是美國航空母艦林肯號，美國大西洋艦隊中第二大的航空母艦。我們有三個摧毀系統、三個巡航艦、以及數個支援的軍艦。我現在命令你將你的路線向北轉十五度，要不然我們就會執行相對的因應措施，以確保艦隊的安全。

加拿大：這裡是燈塔…完畢。

當你面對的那個人，拒絕讓你去到你想去的地方時，就改變你的路線吧。開始談論他所堅持談論的內容。做一個專業的見證人、並讓他得到基本的點數。然後轉回來用不同的方式來得分。在對話的過程中，你通常可以試著傳達你要傳達的資訊、得到你想要的目標。你的確是需要將你的觀點推銷出去。你需要將你最重要的觀點都毫不遺漏地表達出來。但是去撞一個燈塔可不是成功的導航策略——不管這些燈塔多麼地會欺壓別人。

「我的上司的確是很蠻橫。」一位會計這樣抱怨。「管理對他來說就是威嚇的手段。我們要不是反抗、就是讓他把我們當成垃圾一樣對待。如果有任何心理學家想了解為什麼員工為辭職不幹，應該來跟這個傢伙工作幾天看看。」

專業見證者的策略，對於蠻橫的老闆特別有用。不要去爭論，只要做一個專業的見證者就可以了。讓他得到基本的點數，然後才發表你的想法。你不僅可以保持你的尊嚴，你最終也能贏得他的尊敬。

建立專業態度

別人對你越信任，你越能成為有效率的專業見證人。如果別人不尊重你，他也不會尊重你的證言。也就是說你最好能尊重你自己。這不代表你要擺出自大的姿態，你只要很有自信就夠了。如果你相關的專業知識以及經驗是對方所不熟悉的，你可以用一種不驕傲不帶威脅性的態度，簡短地做一番摘要。即使他們對你的專業領域很熟悉，很有技巧的提醒也無傷大雅。

策略：永遠要努力建立並增加別人對你的信賴感。人們對你越信賴，你的想法與提案自然地就越有影響力。試著在日常生活裡、以及在重要的特殊課題上建立你的專業態度。

小祕方：閱讀你手邊所能找到的每一本工商簡介，你會驚訝地發現你將比同事擁有更多的資訊。你甚至還可以做剪報，將之傳給一些特定的人，並且附上一個很有技巧的紙條：「如果你沒看過這則訊息的話⋯⋯」

在一間大型機構中，其信託部經理在其專業領域上十分傑出，以至於整間公司裡在信託程序沒有人能對他所說的話發出質疑。而他對於其專業知識也不吝嗇，於是他成為了一項不可或缺的資源。尤有甚之，他甚至是一個標準。如果賴瑞說一，整間公司就沒有人會說二。

賴瑞是個好好先生，但是他是那種一談到信託程序，就能無往不利的好好先生。那是因為實在無人能與之匹敵。

策略：如果你被公認為是個權威，有時你甚至可以左右決策的標準與基礎。

安妮歐哈洛倫在為新的產品倡導一個新的系統，這個系統能讓產品的行銷比副總裁所提出的系統更為快速，但也會花上更多的錢。然而對於這間機構來說，安妮在發展與實際操作上的專業，讓主要決策者相信速度比起開銷來說要重要的多了。

你若在你自己本身、你的遠見、以及整個企畫上，都已經有了經驗，並且也有了專業的知識。有一些方法可以增加你專業證言的份量。就像賴瑞一樣，你可以成為一項企業內的資源。你可以在專業的機構中培養你的影響力。你可以寫文章。你可以接受報紙、雜誌、通訊報、以及月刊的專訪，讓你自己在你的領域中成為一項資源。如果你能有一些文章發表的話，這個效果就更好了、別人也會對你更加刮目相看。你可以在重要的議題上對當地的、區域性的、甚至全國性的團體演說。

你要對這樣一種自我升等的方式小心運用。如果你就是自己的老闆，這可以是有效的、低價的宣傳方式。在企業中，有些公司也很喜歡這樣做。他們樂於提拔你、讓你成為當地的明星。其他的公司則會擔心這樣的一個聲音，是他們無法掌控的。他們會開始覺得秩序被打破，而需要將你壓下來。

採購電話簿的明星──就是我

當我還在採購電話簿〔Yellow Pagos〕做經理的時候，我老闆的老闆總是這樣說我：「他就是那個為我們公司寫過一本書的傢伙。」因為事實上，我那時的確已寫過一本關於採購電話簿的書了。這本書所帶給我的額外的聲望，一直延續到今天。我所說的今天，還真的是今天的意思。就在我寫這個段落的這個早上，我剛好與一位採購電話簿的高階經理不期而遇。我連他的名字都記不得了，但是他記得我們在十年前曾見過一次面，而且他有一張我們合照的相片。他說他希望我能在他買的那本書上簽名。請了解，這可不是暢銷小說《飄》啊，這本書叫做《從你的採購電話簿廣告上獲致最大效益》〔Getting the Most from Your Yellow Pages Advertising〕，連我的出版商可能都不知道我寫過這本書呢。一本大概無法搬上銀幕、也不會暢銷的書。

我老闆的老闆，大概從來沒有讀過這本書。事實上，我聽說他對我寫這本書還頗感威脅。但是它建立起了我的權威，並且讓我提供的證詞變得更有力。

你需要別人注意到你的專業，但這不代表你要自吹自擂。你的同事和上司不會喜歡你這樣做，並且一定會想辦法把你打下來。最好的方式是變成一個眾口鑠金的權威，讓大家口耳相傳。然後你本身就可以盡量地謙虛。如果這樣做不到的話，試著運用別的事物來介紹你自己、而不要自吹自擂。有時甚至可以運用一些幽默感。

當我還在採購電話簿公司的時候，如果我需要讓某個不認識我的人也知道我專業的地位時，我會這樣說：「為了讓你知道我的價值在那裡，這可以說明我是怎樣的人。」然後我會拿出一本我的書來，簡單地說明我的背景。我會讓他們看一下封面、然後翻到背面的照片，好證明那就是我。

「奇怪的是，出版商還真的可以讓我看起來頭髮多一點，」我邊說邊將書拿給他們看。「我猜他們是認為如果我頭髮太少可能書就賣不出去了。」

這並不是什麼高級的笑話，但是總是能讓對方微笑起來。於是氣氛就緩和了下來，我並不是一個驕傲的自大狂，想要證明我知道的比他們多。我雖然自我嘲弄了一番，但是我很清楚地傳達了我要說的事情。而當他們看到書的時候，他們會發現我根本連多次上時代周刊對我的評語都未曾提及：「很顯然是這個行業裡最受尊敬的權威。」以及事實上在這間世界上最大的電話簿出版公司裡，我其實是首屈一指的推銷人員。

我那時的確愛自吹自擂。我會盡量讓我的學經歷在業界之內與之外都一樣響亮。很顯然地我還是對此津津樂道，雖然現在的我會希望，從公開演說家、行銷與管理諮詢顧問中所獲得的經歷能遠遠地蓋過我之前的經歷。〔你看，我也還是在吹捧自己呢，如果你想要知道我的這些經歷有多顯赫，我會樂於安排某人來為你介紹。〕但是一般來說，大家都認為我是特別謙虛的一個人。

「就他之前的經歷與背景來看，他的謙虛真是令人驚訝啊。」他們總是這樣說，尤其是在無數次地重申、或是誇大我的某項成就之前。他們從來沒體會到，就是這些背景與成就讓我得以謙虛的。他們也從沒想過，如果我真的是謙虛的，整個業界不會對我的成就那麼地熟悉。

我的老闆在我最後的一項業績評等中，提到「自我推銷」是一項我需要發展的領域。她這樣說的時候，身邊就放了一本我簽名的新書，這本書所在的位置是每一個造訪她辦公室的人都不會錯過的。

在某一方面，我自我推銷的技術可以說已經到了爐火純青的地步。一位藝人麥克陶德〔Mike Todd〕曾說：「溫柔敦厚的人格特質應該接管這個地球，但可惜這不會在我們有生之年發生。」麥克陶德的人生已經走完了，但是如果溫柔敦厚的人在他走後已經接管了地球，那我大概是錯過了。

有時候有點誇張好讓別人注意你、並且製造刺激感，這是不打緊的。只要你能說到做到。只要你很清楚自己是誰就好了。

如果你認為你的名聲或是你所宣稱的事情，讓你覺得你比與你共事的人還來的優秀，那你最好記得一件事：那就是你永遠無法像美國大師羅夫華鐸愛默森（Ralph Waldo Emerson）一樣，對於全人類擁有如此廣大而深遠的影響力。而愛默森則認為名聲是「人們容易受騙的證明」。

你跟我所擁有的名聲可能永遠都不及希特勒、史達林、尼諾、卡里古拉或是匈奴王阿提拉的萬分之一。

然而，就像我之前所說的，如果你不去推銷你自己，誰又會幫你推銷呢？如果你對自己沒有信心，誰又會對你有信心呢？

在說明自大的好處時，許多大師會跟你說，你最好勇敢地面對這個世界，並且讓大家知道，你是他們最好的選擇，而每一個在這星球上的人，都應該要覺得與你做生意是一件很幸運的事。

如果你做不到這一點的話，那情況就會是：「他們會像牛吃草一樣地把你大口吃掉。」我的自我推銷毋寧是採取比較微妙的方式。

然而，我永遠記得在專業證人或是推銷、甚至是商場中的第一條原則：「如果連你自己都不珍惜你自己的價值，那這個世界保證也不會抬高你的身價。」

有道理

當你在銷售你的想法、你的企畫案、或是你自己的時候，細微的方式也能夠提醒你另一個重點。如果有人告訴你說，你的推銷能力真棒，那其實表示你尚未成功。他所說的意思是，他覺得他被推銷了一件他自己原本決不會買的東西。他可能還是會與你做生意，但是他本人不是太樂意的。在你轉身離開之後，他非常有可能就改變了心意，而且下一次你再找上門的時候，他可能就不是那麼情願了。

我比較想聽到的話，其實是：你說的有道理耶。

說這樣的人不會覺得他們是被推銷了。他們會覺得是有人滿足了他們的需求。當然囉，因為在你提出你的點子之前，他們可能從來沒體會到有這些需求。而且比起一個偉大的推銷員，他們對於一個說話有道理的人更能熱情地全心投入。

小祕方：很顯然地，你的一言一行越有道理，你越能增加你的專業見證的份量。而你若越能增加你證言裡的份量，你的話也就越有道理。

品牌形象

策略：既然你就是你自己的產品，不妨考慮一下品牌形象。品牌形象是另一種推銷的方式，是產品所展示出的一種姿勢，產品得以藉此與其他的競爭對手區隔開來。發展專業知識只是推展品牌形象的另一種方式。

你有什麼是比別的同儕突出的呢？你能不能運用那一點來為你自己打出一個品牌出來呢？你是知識最淵博的嗎？工作最勤奮的嗎？最聰明的？表達最清晰的？最會打扮的？最有精神的？最能鼓舞士氣的？最值得信賴的？或者就是最全方位的人才呢？

抓出你的定位來，但是在同時也要兼顧到其他必要的面向。是的，你很能振奮士氣，但是當談到工作的時候，不管是什麼樣的粗活你也都幹的來。

當人們想到你的時候，你希望他們對你的印象是什麼呢？

有時候你可能要多花一點心力，才能讓你自己從茫茫人海之中脫穎而出。在《從辦公室政治學中勝出》一書中〔Winning Office Politics〕，作者安德魯都彬〔Andrew Dubrin〕談到了一個政府官員，一位極有野心、名為泰瑞的經濟學家。泰瑞的問題在於他無法將自己從那面目模糊的群眾之中獨立出來。然後他偶然間發現一本關於如何將人們的名字與臉記住的書。

「將我在工作中所接觸的人們的名字記住，變成了一個複雜的遊戲。」泰瑞說，「慢慢地大家開始發現到這件事，這個技巧讓我得以與其他部門的人有愉快的合作關係。而這些外圍的人際網絡，則讓我的層級從一個剛入行的經濟學者躍升到更高的層次。在我終於找到一個方式讓我自己脫穎而出之後，我的政治生涯也開始平步青雲起來。」

推銷你自己的品牌也許可以直接增加你專業證言的權威性，也或許就只是讓你的形象更突出，這完全端看你如何定位你自己。然而光是突出你的形象，也就能增加你的權威性了。

小祕方：如果你無法突出你的形象，那別人所記得的就只會是你拙劣的表現而已。

借來的專業

有時你可以為你的專業見證借來一點額外的分量。一間大型企業的訓練部門最近剛花了六個月的時間，為全國的顧客服務代表發展一套新的在職訓練課程。一個名為傑飛的顧客服務經理碰巧看見了這個企畫案。

「那是一個六個月的計畫，裡頭有許多新奇的、花俏的圖表。」他說道：「包括了以網路為主的課程、電腦光碟、二十六堂課、幾本工作手冊，而且在課程完成之後，職員還可以得到一份裱好的證書，以及一只浮雕的手提箱。在企畫案中附了一封信，信裡很清楚地說明訓練部的副總裁在課程的每一個發展階段，都投入了他的心血，並且認為這是他在企業中一項十分重要的成就。但是總的來說，這真是我一輩子裡看過最糟糕的東西。」

即使你只是隨意的翻一下，你就會知道訓練部門對於一個顧客服務代表的工作內容的了解，完全是浮誇而不切實際的。但是這還不是最糟的。舊的計畫之所以那麼地沒有效率，是因為不管是顧客服務代表或是他們的經理，根本就沒有足夠的時間來完成那些書面報告。而新的計畫則讓經理們得以將這些工作完全地推到代表們身上。

「這樣一來，他們根本就沒有時間來執行他們的工作了，而只有工作才是他們得以學習實務的機會。」傑飛如此解釋道。

傑飛認為，最好的情況是新的提案能像從前一樣，被大家忽視淡忘。而最糟的情況則是，大家會在新計畫上頭浪費無數個小時。而看起來訓練部門對這個計畫似乎十分重視，一定會將此計畫貫徹到底。

「有些事情是一定要去做的。」傑飛說：「但是我只是一個顧客服務的經理，只是管理階層金字塔的底部而已。」而這間公司的階級制度十分嚴謹，他甚至無法直接接觸訓練部門的副總裁，更別提對此人的計畫有任何發表意見的機會了。沒有人詢問傑飛的想法，而如果他自動地向上層提供意見，也沒有人會在乎他的意見。

傑飛是這方面的專家。而傑飛以及這間機構的問題就在於，似乎沒有人要傾聽他的專業意見。

對於顧客服務部門來說，幸運的是這間公司是管理時尚的追求者。他們從這一波流行追逐到下一波流行，但通常是等到某個概念要退流行的時候，他們才趕上最後一波熱潮。而那時大家都已經開始追逐下一波了。在那個時候，他們在做的是建構優質的進步團隊。這條備忘錄正在大家之間流傳，有許多團隊都因此被建立起來。如果你不加入其中一個團隊的話，你就別想要加薪了。

傑飛建議組織一個優質的進步團隊，由他自己所領軍。這個團隊的目標是要讓顧客服務的經理對新的訓練計畫提供一些回饋與想法。這個想法未經過嚴格的考核，就被同意而通過了。傑飛選派了全國最資深、最受敬重的經理們加入團隊，這個團隊開過兩次大會。然後他很有技巧地向訓練部的副總裁報告（這份報告可不是出於傑飛本人，而是來自於全國傑出的顧客銷售代表的心聲）。他**很有技巧地**將報告往上呈。

於是訓練計畫就被取消了。當他們發展新的訓練計畫時，也會開始向傑飛的團隊諮詢意見了。

策略：你可以藉著形成聯盟、從有影響力的盟友中得到援助，來為你的專業見證增加額外的份量。有技巧的運用你的力量，尤其是當你面對高層的時候，他們可能不會喜歡任何帶有威脅意味的意見。

熱空氣

策略：如果你的言行合一，你的權威性自然就能增強。要小心熱空氣喔。將那熱汽球牢牢地綁在地面上，並且用堅固而實在的事實緊緊將它栓好。如果你有些統計數字的話，也不妨加以運用，尤其是你手邊那些特定的數字。

特定的統計數字能表示你有做功課，而且你言之有物。粗略的數字可能只是你一時信手拈來的而已。

技術專業

如果在討論的議題是技術性的，並不表示你得要成為一位技術專家才能作為一位有權威的專業證人。而且即使你在技術上很在行，你也應該盡量避免高談闊論，以模糊了議題、混淆了那些你想要說服的人。

假設說你現在要提出一個、關於企業內部網路在資訊取得上全面改革的計畫，你自己本身不需要是科技專家。你只要很清楚科技能對公司做出什麼貢獻，以及對於那些你想要說服的人有什麼貢獻就可以了。

我有一位客戶生產並銷售高科技的醫療用品。他們的推銷員用那些連醫生也不了解的科技細節、他們所不想要也不需要的資訊來搞得客戶暈頭轉向的。他們想要知道的、他們所需要知道的，跟大家都一樣，那就是：這對我有什麼好處？這對我們有什麼好處？這對我自己以及病人有什麼好處？如果你希望讓某人對太空飛行產生興趣，你實在不需要去打造一座太空船。

而當你不知道的時候

策略：當你找不到話說的時候，就閉上嘴吧。尤其是當你還是公司裡的新人、或者當你在一份工作或是一個環境當中感到不自在的時候，你會有想要發言的渴望（只是為了要發言而發言）尤其是在開會當中。我們會覺得，如果我們閉上了嘴巴，別人會以為我們對於討論的議題一無所知。如果我們真的對此一無所知，那發言的慾望會變得特別強烈。如果你把我帶到工地裡跟一群工人相處，我的嘴巴肯定會閉不起來。

在推銷這一行中，我們將之稱為恐慌性地胡扯蛋。

你知道的越少，你越會想要插嘴，而通常你插入的談話則更會顯示出你的一無所知。在超級短的時間內，你就能輕易地毀了你的信用，可能要花上好幾個月、甚至好幾年才能將之彌補起來。

恐慌性的胡扯蛋。

我知道這很難，但是當你感覺到這恐慌性的胡扯蛋的衝動時，不妨做個深呼吸，在你說話之前好好想一想。小心地秤一秤你說話的份量，並且在你有值得提的內容時才開口。一個刺探性的問題（甚至直接承認你聽不懂）都要比假裝聽懂了還能顯示出你的智慧甚至專業的態度。

小祕方：不管你是誰、不管你多嫩或是多資深，當你的專業被質疑、而你不知道如何回答的時候，「我不知道」通常是一個正確的解答。

我的父親是一個律師，他對所有的事情都有一套自己的解答。如果你要他說明在愛因斯坦的特殊相對論以及每天柴米油鹽事務裡的相對關係，這兩者之問的差別時，他會給你一場二十分鐘的演說，雖然他其實跟我們一樣可能也都是一知半解。但是他是一個傑出的律師，哈佛法律系畢業的，深受其客戶的喜愛。如果你問他一個關於法律的問題，他的回答有可能是：「我不知道。」

「我不知道。」是一個有力的專業證言。這讓你所知道的事情更令人信賴。如果你知道如何才能找到答案、並且承諾要這麼做，那就更好了。「讓我去找一下，星期五之前給你答覆，如果這樣來得及的話。」然後別忘了要照辦。

當蓋瑞愛姆斯（Gary Ames）還是美國西部電信局的總裁時，如果他在發表演說的時候被問到了困難的問題，他會這樣說：「這個問題問得太好了。在接下來的三十秒鐘，我一邊閒聊，坐在這房間後頭的傑克漢斯就會一邊做出正確的解答，而當我停止說話的時候，傑克就會給你們最專業的答案。因為其實我對這個問題一點也不了解哩。」

當蓋瑞愛姆斯跟你說他所知道的事情時，你就會相信他。

匈奴王阿提拉的領導秘方

策略：作為一個專業的證人，你要對你所提出的事情有信心，也就是要對那些你所知道的事情有信心。而且你需要將這信心散播出去。當你相信的時候，才能容易也讓別人相信。

如果你去看醫生，你希望他能傾聽、能對情況做出評估、然後做一番檢查。當他做出結論的時候，你希望聽到的是有信心的結論。

「安德烈，你得的是瘟疫，這個藥方會馬上治好你的病。」這個說法可能比以下的說法要來的令人安心多了。「安德烈，我想你要不是得了痛風、就是得了腎臟病、要不然就是腦炎。但是，也有可能只是流行感冒而已。我會給你開一個藥方。也許這個藥會把你治好，也許不會。如果情況變糟的時候，你也許會需要打個電話給我。」

當你完成了你的專業證言時，如果你的表現夠好的話，你應該會有旗開得勝的感覺。而在場的眾人也都應該看得出來。你在演講中、肢體語言裡、以及你身上的一切事物都將此展露無遺。

如果你真的覺得你的證詞能發揮影響力，那麼那些你所要說服的人，應該都會不由自主地覺得在你的自信當中是有理由在支撐的，因為你真的相信你所說的話很顯然都是有道理的。這樣一來他們要向你說「不」就艱難的多了。即使他們不說「是」，他們也比較能接受更進一步的協商與遊說。

如果你不將信心表現出來，那麼就表示你覺得你的專業證詞根本連「還好」都搆不上邊。如果你對你自己所說的都不相信的話，那麼別人為什麼要相信你呢？

在我所接掌管理的部門裡，其中一位下屬有一回這樣問我：「如果我要求加薪的話，你覺得合適嗎？起碼在最後的時候？」這樣的問題像是一個對自己的建議完全沒有信心的人所提出的。而這個可憐蟲竟然還是一個推銷員呢。也許他要的只是一個同情的加薪罷了。

幾個月之後，我的一位最優秀的推銷員也跟我問加薪的事。她的結論是：「所以這就是為什麼我要求百分之二十的加薪了。我知道我年度評估的時間還沒到，我知道百分之二十的要求有點太多了。但是顯然這不是一個普通的情況。我只是想確定我能仰賴你的支持。」

並不是只因為她覺得她可以被加薪，她才被加薪的。但是她的確被加薪了。我給她的比她期待的還要多，這讓她的薪水與公司中其他的頂級推銷員平起平坐。這是她所應得的。

歐馬布萊德利〔Omar Bradley〕是諾曼地登陸時美軍的總指揮。在他的書《一位將軍的一生》〔A General's Life〕當中，他談到在準備過程裡，他曾警告指揮官對於這項任務最後的結果決不要表現出一絲一毫的懷疑。

「在高階指揮層級中，即使一絲絲的懷疑也會在分部、分隊、以及軍營中被誇張化而帶來毀滅性的影響。」他如此警告道。「然而如果要證明這份信念，你的計畫也得要能符合你的信念才行。」

如果你已經為你的杯子加滿足夠的水，你的計畫、你的提案、以及你的願景應該能支撐這樣的信念。如果你對你所說的話有明顯的信心，人們也比較可能相信你。如果你自己都不相信，你很難讓別人跟隨你、跟你一起打一場諾曼地之戰。除非你比我們其他人的演技都要來的高超。

信心是絕佳的銷售利器。而你的信仰越堅定，這武器也就越強而有力。希特勒從來沒有一絲的懷疑與猶豫。他的信仰是那麼地絕對，以至於一整個國家都在他瘋狂的信念裡化為廢墟。

在一九八〇年晚期，我被邀請擔任一間新興機構的顧問，這位客戶很快地變成了一個自大狂妄的傢伙。他不僅吸毒、接受精神治療，並且完全地相信他能為消費體系帶來一番革命。很誇張的是，許多非常聰明的人也都被他的異想天開所吸引，包括了一位前任的高階軍官，以及一間財富雜誌前一百大企業委員會的主席。投資者將大筆大筆的銀子灑在他身上，而一個電信業的巨人則給了他價值數百萬美金的器材。對於他每一個小時都在改變的企業概念，似乎沒有人在意。也因此，沒有人、包括那個可憐的傢伙在內，全都對最後會生產出來的產品一點概念也沒有。

這就是信心的力量了。以上的例子後來當然就成為了網路新興企業的標準操作模式。信心可以讓那些愚鈍到不清楚自己錯在哪裡的人，有時候卻能成功地說服別人。就像是羅素所說的：「這個世界的問題就在於，愚者總是信心滿滿，而智者總是抱持著懷疑。」

這並不是你所想要投射出的信心。這樣的信心是脆弱而容易幻滅的。而且當它被現實擊倒的時候，其假象很快地就會被揭破。

你所需要投射的信心，是來自於你已經將企畫案做到盡可能完美的地步，是因為你已經看到了消極的一面、並且已經與之和平共處；是因為你已經為股東們的杯子裡盡可能加滿了水。

你的信心是因為你已經將你的牌攤在桌上，當人們有疑慮的時候，你保證你會處理他們所提出的論點，所以他們能從充足的資訊裡作出決定。

你的信心是來自於你知道人們在絕大多數的情況中，應該、也將會遵循你的意見。

這才是真的信心。請注意**真的**這兩個字。

所有的事實

將事實說出來，扮演好一位專業證人的角色吧。讓人們得到他們應得的點數。如果你在向員工解釋一項新的計畫，而計畫中有缺點的話，請將它們舉出來。因為員工遲早會發現的。請解釋為什麼有這些缺點的存在，請說明雖然有這些缺點，這份計畫仍然能為公司以及員工們帶來最大的利益。

小祕方1：如果你無法說眞話，那麼你也許應該重新檢視一下你的企畫案。

2：如果你的提案無法說服一個或是一個以上的與會者，那就直接將之點明。如果沒有轉圜的餘地、而你又無法誠實地推銷這份企畫案的時候，那就不要強迫推銷了。將你的信用與人際關係保留到下一回，而不要只著眼於短線的獲利。

我的一位在某企業集團工作的友人，在他的桌上擺的不是他的名牌、而是一句出自威廉柏洛（William S. Burroughs，譯註：一位著名的美國嬉皮作家，電影《裸體午餐》的編劇）的話：「恐慌只是因為你知道所有的事實。」如果你的員工得要穿過層層的謊言糖衣，才能找到事實的話（找到你所要掩飾的事實）那麼你就等於是在你的公司裡製造恐慌了。而這是你應得的。

防衛面具

很顯然地一位成功的專業證人不會在懷疑主義者、反對者、批評家以及對手面前帶上防衛的面具。他們為什麼要這樣做呢？他們的立場是要盡可能地成為客觀真理的工具，並確保對方也能闡述其基本的立場。

防衛的心態是來自於不安全感，有時候這也被稱為「騙子症候群」。發現了大家都感覺到他們在假裝，尤其是當他們要被加薪、或是進入一個不熟悉的環境的時候，就有了這樣的說法：「一路假裝下去直到目標得手為止。」發展你的專業吧：這包括了你在一般領域上的專業（就像是我之前提到的信託專家一樣）或者是在特殊領域裡你在一個特定提案上所需要的專業。

小祕方：最大的安全感來自於，你清楚的知道在你的提案上，你知道的比在場的人都還要多。

由專業態度所產生的信心與安全感的最佳例證，來自於足球選手狄恩山德斯（Deion Sanders）。在球場上，山德斯常常會為競爭的對手提供建議與指導。

公羊隊的捕手艾薩克布魯斯〔Issac Bruce〕在某一場球賽之後曾說：「山德斯不僅沒給我苦頭吃，相反地他反而還指導了我一番。他說：『聽著，當你在截擊的時候，你得再蹲低一點，這樣我才看不出你的方向。』」

當然囉，這番指導並沒有讓布魯斯從山德斯的手中截擊成功。《體育天地》〔Sports Illustrated〕的記者約翰布萊德利〔John Bradley〕在做了以上的報導之後，他寫道：「對你自己的隊友提供建議是一回事，而對你競爭的對手提供建議不僅是一種自信的表示，更是十分詭異的戰略。」

相較之下，我想我寧願被對手嘲弄。

維吉尼亞，有時候，聖誕老公公是不存在的

策略：如果你擁有足夠的自信，你甚至可以試試「三十四街的奇蹟」這項策略。

傑克是一間小型高科技科學儀器公司的老闆。有一回他的一位大客戶，也就是一間生化科技公司對他下了一個十分實惠的訂單：他們要購買這間公司十到十四個最新的儀器。這些儀器的設計其實並不真的符合這位顧客所想要的用途。這些儀器也許可以派上用場，但只能發揮一些邊際的效應。

然而這生化科技的老闆對於傑克的公司有極大的信心，她極力說服傑克同意這筆交易。

而且她還打電話給傑克的兩個合夥人，讓他們也對傑克進行遊說的工作。畢竟，是顧客點名要他們的儀器的。

傑克親自飛到這間生化公司去拜訪其老闆，解釋為何同業的另一種較便宜的儀器更能滿足他們的需求。

「我們做生意的原則，不是要提供給妳一個妳無法百分之百滿意的工具。」他堅持道。其競爭對手不費吹灰之力便賺到了一筆極佳的交易。

當然這也是這間生化公司最後一次與另家公司做生意。他們從傑克的企業採買的儀器不斷地在增加當中。但是真正的財源還在後頭，因為這位女老闆在最近幾年之內成為了工業集團裡極有影響力的人，她的推薦已經讓這筆傑克的合夥人所稱的「因為傑克太善良而推掉」的交易，變成了一筆傑克口中的「我所做過的、最有賺頭的生意」。

這就是「三十四街奇蹟」的策略。你變成了一位聖誕老公公，將顧客從這間百貨公司推到另一家百貨公司，因為這最有利於消費者。我認識一位中級主管婉拒了其老闆所提供的一個極具誘惑力的升遷機會，因為他知道他還不足以勝任這個職位。

但是在下一回的升遷名單中，他卻不在首選之列了。推辭了這個職位讓他的職業生涯因此受挫，雖然這份挫敗比起接任那個他無法勝任的工作，帶來的傷害可能要小多了。

然而，很顯然地，如果你考慮的是他人的利益，而不只是因為短期的獲利而緊抓住別人不放，沒有什麼比這樣做更能建立你的信用了。

當我將車開進修車廠想要換一個新的變速裝置時，我的技師卻告訴我，我需要的只是一個七塊美金的零件而已。除非他哪一天退休了，不然我是不可能跟別人做生意的。

一個傑出的推銷員能讓顧客對他百分之百的信任，以至於顧客永遠不會想冒風險跟別人打交道。

如果與你共事的人對你是那樣的信任，你的職場生涯會有怎樣的轉變啊？

第十三章　邁向成功的失敗

我認為我自己是一個還算聰明的傢伙。我有過些了不起的成就。當我一想到每天犯下的一些愚蠢的錯誤，我就很慶幸自己不是一個外科醫生。而一想到被一個像我一樣笨拙的傢伙開刀，就會讓我想要盡量地保持健康、或是想要對於基督教科學的奧秘做一番調查、或甚至研究一下精神治療的可能性。

醫學的首要守則是：「第一，別造成傷害。」這可不是一則能激發消費者信心的任務宣言。他們要把我剖開來、然後盡力地別造成傷害——在不讓情況變糟的條件下，再把我闔起來嗎？

失敗是會發生的——而且還很頻繁，甚至會發生在最聰明、最好的人身上。「大腦是一個美妙的器官，」羅勃佛洛斯特（Robert Frost，譯註：一位美國詩人，1874-1963）這樣說道：「打從你早上起來的那一刻它就開始運作，一直到你踏進辦公室的時候才會停止。」而我是在家裡工作的，所以我的大腦通常更早就停止運作了。

我們都是專業的失敗者。起碼在這方面我們都比想像中來得更專業。對於那些像我們一樣得要為推銷員打氣的人來說，失敗更是一個特別重要的議題。他們所要打的每一通電話，都要面對拒絕與失敗。如果一個推銷員無法面對失敗，那麼他就無法勝任他的工作。如果我幫不了他，我也就無法勝任我的工作。

一個過程、而不是一項事件

對於許多人來說，處理失敗的關鍵是了解到，失敗只是一個事件、而成功不是。成功，就像是推銷一樣，是一個過程。

你並不是一位外科醫生，所以勇往直前吧，別怕造成傷害。

小祕方1：勇敢地失敗吧。

2：擁抱失敗。

3：失敗對你有好處。

「在一個成功的公司工作是很輕易的事。」比爾蓋茲說：「但是當你失敗的時候，你就被迫要去創造、去往深層挖掘，並且思考。在失敗的公司裡你總是要對假設提出質疑。我希望身邊能有些經歷過這個過程的人。」

「逆境展現天才，」羅馬詩人賀瑞斯〔Horace〕這樣寫道：「而順境則將之掩蓋。」這表示你最好是個輸家而非贏家嗎？難道失敗比起成功來，會是一個更為長遠的成功策略嗎？

已逝的羅馬大師以及當代的科技巫師皆異口同聲，對這樣的說法我們可以抱持著懷疑的態度。然而，研究顯示，首度創業就成功的企業家，如果要二度創業的話，不見得就能比別人容易成功。儘管他們已建立起商業的人脈、在財務上也佔有了優勢。在另一方面，曾經失敗的企業家在下一次出擊時，則更容易成功。

沒有什麼是比失敗更容易成功的了。

推銷員都討厭聽到「不」這個字。他們的每一項本能以及每一個訓練，都是為了要確保讓這個字盡可能地不要出現。這就是所謂的推銷。

但是我這裡有一則偉大的真理：最成功的推銷員其實最常聽見「不」這個字。

在每一通電話裡，一個推銷員如果得到越多的「不」——越多的拒絕、越多的失敗——他如果越常遇到這種電話，那麼他日後就會越加成功。一間公司裡最優秀的銷售代表，通常是最常聽見「不」的那個人。為了要面對這樣的情況，他不僅得努力工作、再接再厲，他還得在他的領域中成為頂尖的高手。因為他越優秀——他越能激發對方的興趣、越能建立起彼此的關係——客戶就越會傾聽、也就會對他越有耐心。因此他也就會聽到越多的「不」。他得要更努力工作、更再接再厲，他得要精益求精。當然到了最後，這位銷售員也會聽到最多的「好」。

即使在推銷的世界之外，最成功的人也通常是那些聽到最多的「不」的人。

小祕方：越早收集你的「不」越好。

熱門把

有一種令銷售員苦惱的情況，人皆稱之為「熱門把」。一個有著熱門把症候群的銷售代表，會害怕將門把打開、將門推開。他害怕打電話、害怕被拒絕，他害怕著失敗。

他害怕開始收集「不」這個字。

熱門把大概是讓絕大多數人對推銷員這個工作敬而遠之的最主要原因。這一種十分恐怖的痛苦甚至也能影響那些最資深的銷售代表。不幸的是，這不僅只會發生在推銷行業上。其實在各行各業裡，這種症狀也許不那麼明顯，卻都是一樣的普遍。我們有多少人是願意去找一些藉口、去找一些其他的事來做，也不願意嘗試那些可能會失敗的事情？

如果你永遠不去試，你就永遠不會失敗，對不對？

我認識一個十分成功的年輕主管，因為害怕無法持續他所締造的佳績，而離開了一份前途無量的工作。他害怕讓大家發現，他其實不像他們所想像的那麼好。就像是一個新進球員在加入大聯盟之後，打出了百分之四十三點二的打擊率、以及七十四支全壘打，並且贏得了最有價值球員的頭銜之後，就退休了。因為他害怕他接下來的職業生涯會玷污了他現在的成就。

這當然是很有可能的事情，在棒球場上，那位年輕的主管可能永遠不會打出超過百分之三十六或是三十七的打擊率。當他們在印第安那州的名人館上放上他的獎牌時，他一年的全壘打可能連六十五的數目都不到了。也許他的職業生涯再也不會那麼地傑出了、甚至不再優秀、或是連不錯的程度也不到。或者可能變得很差。

但是至少他會有屬於他的職業生涯。

不幸的是，他認為維持形象遠比成功來的重要。他放棄了他想要做的事情——這也就表示他失敗了——因為他害怕失敗。

我們大多數人也許不那麼地頑固，卻都會走上這條路。有時候甚至連任何的成就也談不上。我們總是害怕玷污了一個不算是成就的成就。

小祕方：去找出你最害怕失敗的一點，然後盡快地走出去、在那一點上擁抱失敗。

除非那是高空跳傘、或是走鋼索、或是外科開刀手術、或是這一類的東西，﹁如果是的話，請忘了上一則小祕方所說的話﹂，你會發現：

1.那不會死人的，而且，

2.那不會死人的，而且，

3.在你做了之後，如果你已經失敗了，大多數的情況下你就不會再那麼地害怕了。

小祕方：如果你沒有什麼事情是可以馬上衝過去、得到失敗的，那麼就想像它吧。比起不去嘗試、或只是一半遊戲、一半認

> 眞地嘗試，失敗眞的有那麼糟嗎？還是你只是希望當不成功的時候，你可以保住面子罷了？

失敗吧。

你所在乎的、敬重的那些人，多多少少都曾失敗過。有些人對於試圖為他們的杯子加滿水感到害怕，因為他們擔心如果他們失敗了，你會因此看不起他們。

對於植髮手術的恐懼

對於失敗的恐懼，十分像是對於縮腹手術、或是提臀、隆乳、或是植髮手術的恐懼。

舉例來說，我就有做過植髮手術。坦白說，這是一個虛榮的、可能也是一件愚蠢的事情。我根本連帥都沾不上邊，很難令人想像我也會對外表如此注重。但是一想到我就要禿頭了，你猜怎麼著？包括連我自己在內的親朋好友，都驚訝地發現原來我跟別人一樣愛漂亮。甚至更嚴重。起碼有些人不會想要割開他的頭皮，在那些小洞裡塞進一些東西。

但是這不是重點。重點是，一旦你做了植髮手術——或是縮腹、提臀之類的手術——幾乎每個知道的人都會跟你說，其實他們自己也有想過要做一些整容的手術。很多人甚至會跟你說，他們希望能有勇氣也這樣做。

我們相似的地方，比起不同的地方，要多的多了。

我不知道提臀的手術怎麼樣，但可別去做植髮的整容。然而，如果談到失敗的話，就放手一博吧。有些人會羨慕你的勇氣。有人會因此看不起你嗎？有可能，那就隨他們去吧。對於那些希望你寧可不要嘗試、也不要冒失敗的風險的人，你真的會尊重他們的意見嗎？而且，一旦你終於成功的話，那種驢蛋也會因此對你另眼相看。

而如果你永遠不成功的話呢？我一直很欣賞羅斯福總統所說的話：

批評家的話不是重點。那些在場邊指指點點、評判著強壯的選手如何跌倒、或是如何可以做的更好的評論者，其實一點也不重要。實際在場上的人才是英雄。他們的臉上交雜著塵土、汗水與血淚，他們英勇地搏鬥，總在一次次的犯錯中馬上就站起來。因為如果沒有錯誤和缺失，就不會有努力。他們知道什麼叫做偉大的奉獻、他們知道付出的努力都是值得的。他們最後也許能獲得光榮的勝利，也許會失敗，但是他知道，在勇敢的嘗試之後，他們和那些膽小、冷漠的人是不一樣了。因為後者永遠不懂得什麼叫做勝利、什麼叫做失敗。

小祕方：別擔心那些膽小而冷漠的人，除非你自己就是一個。如同喬治伯納蕭（George Bernard Shaw）所說的：「將你的人生花在犯錯上頭，比起無所事事的人生，不僅更光榮也更為有用。」

想想你的過去。你最感到遺憾的是什麼？是那些你失敗的時候、還是那些你未曾嘗試的時候？當你將來回頭看的時候，你希望能看見什麼？

推銷代表的觀點

當你將成功視為一個過程，你就會用不同的方式來看待「失敗」。你會用一個傑出推銷員的方式來看待之，會將之視為一個小小的勝利，會將之視為通向最後成功的一小步。如果顧客今天不買賬，推銷員仍然還是要將推銷的過程往前推動、建立關係、傳遞寶貴的產品資訊、以及得到信任。下一次顧客可能就會買單了。或者是下下次、也或者是在下下一次。最大的、最值得的交易往往要花上最長的時間。優秀的推銷員很清楚這一點。

或者這通電話完全無效。這位顧客很清楚地表示，他永遠不會買你的東西。這也是在過程中的一小步啊，這位推銷員至少以後不用在這客戶上花費心力，而可以將時間花在別的更好的寶藏上。

小祕方：去試試看吧！即使當你失敗的時候，仍然要盡力地朝向成功前進。即使你所跨出的只是將邁向目標的路徑縮短一小步而已。

我們都聽過這樣的說法，千里路的旅程是從一小步開始的。有時候那一小步是朝向錯誤的方向，但是這樣的發現並不是失敗，而是成功的。

蓋爾波頓的脫水肉餅乾，要不是一個愚蠢的失敗、就是通往煉乳發明的一小步。我在此提供一個可能永遠不會流行的定理：「你若沒做過幾個脫水的肉餅乾，你就無法發明煉乳。」（我想關於這條定理，我大概不需要去爭取版權吧。）

我總是跟大家說，他們應該要像科學家一樣，失敗與成功一樣能讓他們興奮，因為對他們來說，失敗就是成功。大衛凱利（David Kelly）是愛狄奧（IDEO）產品設計公司的執行長，也是史丹佛的教授。根據德瑞斯勒（K. Eric Drexler，譯註：書寫精細科技產業的作家）的說法，凱利總愛說：「有啟發性的試驗與錯誤，總比聰明而無瑕疵的計畫，要能表現的更為傑出。」

既然我們所有人都不是聰明而無瑕疵的，這對於人類來說實在是不錯的消息。去找尋新的經驗吧，然後從其中學習。

一個卓越的推銷員從每一通電話裡學習，不管那電話帶來好的或是壞的結果。如果這次表現不穩的話，那他就會對自己分析一番、並且在下一次的表現裡力求完美。要回答反對的意見，一定有更有效的方法；要克服顧客的不確定心態與完成交易，也一定有更好的方式。如果一位傑出的推銷員曾有過這樣的沮喪時刻：「假如我這樣說就好了…」，若他在開了十五分鐘的車之後想出了最完美的解答，他就不會再感到沮喪了。他可能只會大叫、狠狠地對著方向盤打幾拳，然後他就會學到了教訓。因為同樣的情況會再發生，可能不是同一天、可能是幾個星期之後，但是他已經知道要如何表現了。

爲成功做練習

我們都知道要從經驗中學習，也都知道，在每一個經驗中都有值得學習之處。從一有大師開始，大師們就一直這樣跟我們說。大多數的人也都相信這件事。但是我們並不像推銷員一樣，總是會一直不斷地遇到相同的情況。如果我們也遲一步地想出了完美的「如果我這樣說就好了……」的句子，我們可能永遠不會有機會用到它。對我們來說，某些特定情況的挫敗是來得更令人沮喪的——因為更難從中學到教訓。

> **小祕方：**生命中很少有情況是獨特的。我們自己的行爲從來也不是獨特的。就像是在推銷這一行裡，明顯的失敗應該能在下一次助你一臂之力。不論結果是好、是壞還是反應冷淡，你都應該問問自己，你其實可以如何改善你的表現。

「我就像是一個律師一樣，」一位新的執行長這樣說：「我不管理、我只是練習管理學而已，而我練習地越勤奮，我的表現也就越好。生命就是一連串的教育以及成長。十五年前，我是個很糟糕的管理，我沒有經驗、也缺乏訓練，更沒有好的典範得以遵循。我當然只能是很糟糕的啊。十年前，我是一個普通的管理者，五年前，我進步了不少，現在我已經相當不錯了。五年之後，我想我就會很傑出了。」

「所以你不相信，你不需要在幼稚園理學到所有的東西囉？」我問道。

「有一回我的一個分區的經理其實就是這樣跟我說的，我當時所能想到的是，我當然希望你可以在幼稚園裡就學到所有的東西，因為很顯然地你從那之後就沒再學過任何事物了。」

熟能生巧。至少應該是這樣的。一個傑出的工匠就是犯過所有錯誤的人。

在《生存者的人格》〔The Survivor Personality〕一書裡，艾爾錫勃特博士〔Al Seibert Ph. D.〕寫道：「當情況變糟的時候，最有活力的人會有想要學習的反應，而不會有受害者的反應。當然大家對於糟糕的情況感覺都會很不好，但是問題在於，他們的反應是要去面對、從錯誤中學習的、還是覺得自己被迫害了而自怨自艾？」

小祕方1：去學習吧！

2：去面對吧！

3：盡量不要去想「學習與面對」、「受害與埋怨」這樣二元對立的說法。

犯下更新、更好的錯誤

我的母親是一個虔誠的天主教徒。她總是會跟我說，當情況變糟時，就應該將之「奉獻給上帝」。她的想法是，如果將俗世中的挫折奉獻出來，會讓你更有機會得到救贖。根據這樣的邏輯，我在八歲時所犯的錯，大概就足以讓我進入天堂了。也就是說，從那個時候開始，任何額外的錯誤都是浪費，除非我可以找到一些方式來從中獲利。

每一個失敗都不應該被浪費。從中獲利吧！犯下更新更好的錯誤來。

我們很少人在第一次嘗試的時候就能把事情做到好。所以當我們失敗的時候，幹嘛要對自己那麼嚴苛呢？也許你真的搞砸了，而且也許你第二次還是會搞砸。就像一個沒有達成交易的推銷員一樣，你還是可以盡可能地往成功的目標邁進，即使這代表的只是要跟你週遭的人建立好良好的關係、得到他們的信任，以及為下一次的契機先找好你自己的位置。

小祕方1：即使沒有別的好處，失敗也是一個絕佳的機會，好向週遭的人顯示你擁有極佳的處理逆境的能力。

2：失敗也是一個絕佳的機會，好向你自己顯示你擁有極佳的處理逆境的能力。

這也極能鼓勵士氣。我最近有一位客戶，是曾經歷過大風大浪的網路企業家。「我越失敗，」他說：「我越想要成功。並且我越會努力地嘗試，也希望我的嘗試會越來越精明。」

我參加溜冰隊已經有四、五年的歷史了。我喜歡去學習新的技巧，但是因為我已經不是十四歲的小伙子了，所以我最主要的考量是不要跌倒。我寧願不要太用力嘗試，以保持我的四肢健全。年輕人、小孩子以及剛蹣跚學步的幼童，雖然不及我學溜冰的時間長，卻能做那些我想都不敢想的跳躍、轉圈以及紙尖旋轉。因為他們才不在乎跌倒呢，跌倒對他們來說是兵家常事。

如果你不想要跌倒的話，你就無法把一個動作學到準確。也就是說，如果你願意跌倒的話，你就能精益求精。

如果跌倒不會死人的話。

完美的告解

小祕方：要小心那些消極的鄉愁。

有時候我們的失敗是會帶來壞處的。有時候更糟的是，它們還會禍及他人。尤其是當這些失敗是道德倫理上的過失時。我在這裡不是要去譴責誰，你也不需要去譴責自己，不管你認為你多麼應該被譴責。然而責備自己是沒有用的。我不管你是不是匈奴王阿提拉、或你是不是希特勒。我不管你是不是撒旦。

我說得夠明白了嗎？

我不管你以前做了什麼事，我只在乎你現在是怎樣的人、以及你以後會成為怎樣的人。別再想去改變昨天了。就像是我虔誠的天主教母親所做的完美的告解一樣，將你自己從過去赦免吧。將你自己解放出來，要不然你就會為其所癱瘓或是腐敗。如果你認為應該要對你的失敗做出一些補償的話，那就去做吧。從中學到教訓然後就往前方邁進吧。被你的過去擊敗，被消極的鄉愁擊敗：它不會改變你的明天，它只會分散你的注意力，並且讓你無法善用你的今天。

失敗的自由

策略：讓你自己和你的部下都被授予犯錯的自由。如果你被失敗的恐懼所阻礙不前的話，要告訴你自己，最值得做的事情就是做錯的事情。因為只有這樣你才能學到如何做對的事情。當人們經過仔細的思考而做出了冒險時，要去獎勵他們因此而犯下的錯誤。

我們宣稱是鼓勵冒險的。但是大多數的公司對於冒險者，總是有一套成者為王、敗者為寇的態度。我們所身處的社會，是一個試圖將自己與冒險完全地隔離開來的社會。

甘迺迪與尼克森

當你真的失敗的時候，當你真的犯下錯誤的時候，也別忘了要保持鎮靜與尊嚴，除非你可以想到有什麼情況是可以用恐慌的態度來解決的。而且要向你自己以及其他人承認犯了錯誤。任何不清楚這是最好的處理方式的人，大概有四十年都不曾去了解一下政治的情形了。豬灘事件〔The Bay of Pigs，譯註：一九六一年美國試圖侵略古巴的行動。〕是一次大失敗，私底下甘迺迪相信他是被中央情報局給騙了，但是他馬上就做公開的道歉、負起全部的責任。他當時是總統，所以這當然是他的責任。這樣的舉動讓他更像是個有擔當的總統、而並不是失去了總統的尊嚴。再看看其他總統的例子，當水門事件發生的時候，尼克森是多麼亟於讓一個又一個下屬來承擔他的錯過。不管布希參加過多少次會議，他卻堅稱伊朗事件不關他的事情。

小祕方：當你有所猶豫的時候，就將眞話說出來吧！

如果你無法向自己承認錯誤的話，你也就無法從中學到教訓、於是你也就會不斷地犯錯。當你向相關人士承認錯誤的時候，你是在將信心表現出來。「聽著，我搞砸了，但是讓我來善後吧！」這樣得一句話有著十分驚人的力量，如果你說的次數不要太頻繁的話。

當亞佛瑞史龍〔Alfred J. Sloan〕管理奇異汽車集團時，他總愛說一個經理若是在一半的時間裡做出正確的決策，那麼他就等於是表現傑出了。不管是主管、同事、員工、推銷員、顧客服務代表、或是任何人若是假裝自己總是對的，只是在透露自己的不安全感而已。但是他是無法自欺欺人的。

扛起責任也許是一件困難的事。不只有政治人物會覺得：「錯誤已造成」比「我犯了錯」要容易說的出口。這樣說就好像錯誤是一種自然界裡無法避免的是一樣。

一個剛剛在華爾街成為股市寵兒的企業，發表了一份聲明，宣告他們對於前一季的獲利估算錯誤。於是他們的股價馬上直線下降。隔天我就被請去對災難做出控制的措施。這位輕浮的財政主管本來在公司裡就不是很受歡迎了，而當我走進他的辦公室的時候，卻正好發現他儀表莊嚴的秘書正在對著窗外、將毛衣往上拉起。在她還來不及拉回來之前，我向她毛衣下頭的T恤瞥了一眼。上頭寫著：「錯誤已經造成，讓別人來承擔吧！」

幾分鐘之後，我才發現她為其老闆的政策，做了相當好的準備。就像是法蘭理包衛茲〔**Fran Liebowitz**〕所說的：「輸贏不是重點，重點在於你將過錯推到誰的身上。」他的推卸責任最終讓他丟掉了這一份工作。

雖然，對於非相關的人士，你大可不必要對他們承認你的錯誤。我們犯下的許多錯誤其實都不關別人的事。即便如此，提及你的錯誤有時還是有用的。幾年前，當我在做廣告行銷的時候，我會為顧客在我所要推銷的廣告中，找出一個缺點來。藉此，我讓這位顧客也有參與感，而會試著要找出解決之道。並且這種缺乏完美的狀態，也會讓我對於廣告其他部分所顯示出的熱忱更令人信賴。也就是說當我將缺點指出來的時候，我的可信度與專業態度便提高了，也顯示出我對於細節的注意，並且表示著我仍然在努力地要改善這則廣告。

名人館的足球教練大熊拜恩（Bear Bryant）曾說要將一個團隊結合起來，他都會這樣說：

- 如果有錯誤的話，那是我幹的。
- 如果事情轉好的話，那是我們幹的。
- 如果真的有了一番成就，那是你的功勞。

要讓所有的人為你贏球，其實你只要會說這些話就行了。

消極想像的力量

策略：嘗試一下消極想像的力量。在採取任何行動之前，想像一下有什麼錯誤是可能發生的。然後想一想如果真的出錯了，你要如何處理。

有些過度樂觀的人會堅稱這是你所能做出的、最糟糕的事了。你得要去想像成功，他們會這樣跟你說。他們會說，對於問題的想像等於是向災難邁進。

沒有做好準備才是向災難邁進。這也就是為什麼太空人會在飛行模擬器裡頭花上無數個小時，他們是在與每一個可能發生的困難搏鬥。

親愛的過度樂觀者：

希望你會很樂意地收到這則消息，將要為你做心臟手術的醫生，是特別受過積極想像訓練的。他從未想過會有任何的問題發生。

貝瑞瑪哈　敬上

不將任何可能發生的問題列入考慮而來想像成功的話，毋寧只是一種魔幻式的思考、而非從事嚴肅的準備工作。藉由做好你的準備工作、準備好迎接任何可以預見的事件，這樣一種消極的想像能增強你的信心以及表現。在你完成了準備工作之後，你就可以、也應該想像成功了，而且你真的獲致成功的機會也因此大得多。

在太陽精細電子儀器公司（Sun Microsystem）裡，其總裁與執行長艾德贊鐸（Ed Zander）每個星期都會舉行一次「攻防腦力激盪」的會議，試著要想出其同業競爭對手將會以怎樣的方法來打擊太陽企業。「這能幫助我們做策略上的思考。」贊鐸說道。當競爭對手真的有所行動的時候，贊鐸以及他的團隊早已有所準備，並且能夠很快地採取因應之道。

最佳的準備

推銷員在每一通電話之前，都會做好最徹底的準備，想到他們可能會面對的可種困難。在你邁向成功的每一個階段，你也希望能做出同樣的準備工作。然而沒有人可以預見每一個可能發生的事件。而有些推銷員則因為準備過度而癱瘓了，他們忘記了這一切的準備其實還是為了要打電話、把東西推銷出去。

就像是優秀的策略家拿破崙所說的：「太過小心所帶來的痛苦，常常會超過那些可被避免的險境。」這並不表示拿破崙在每一場戰役之前，不會先做好萬全的準備。

小祕方：如果你花了太多的時間在修修補補你的引擎上頭，有一天你可能會發現你會老到無法將車子開出去了。

盡可能地做好準備，然好抓緊每一個機會。取得每一個可能的經驗。練習、學習、然後做更多的準備，然後在成功的路上往前邁進。

策略：每一天、每一週、每一個月、每一年都對你的進步做一番評估。這樣一來，你的進步就不只是短期的考量、而你也可以看見大的遠景。

小祕方：沉迷於過程之中吧——沉迷於探險與探索之中。沉迷於對抗挑戰的過程中、沉迷於培養你自己與你的潛能當中。

當我說挑戰的時候，我指的就是挑戰的意思。過度樂觀的人已經把這個字當作了洪水猛獸、不可能的任務以及搞砸了工作的同義字。好像是：「我們要交給你一份挑戰，瑪莎，我們要裁減你的員工、將你的工作量增加兩倍。而且你要在比原先少一半的時間裡，創造出兩倍的成績來。喔，還有，這裡是一杯水，把它變成美酒吧。」我希望我們可以把這個字還原成它原本的意義。也就是：「人生就是一個挑戰，盡情地享受吧！」

享受你的挑戰吧！

就像我之前說的，這一個小時——也就是每一個小時，都可以改變你的一生。你要做的只是做出選擇然後去改變它。這並不表示你不會跌倒。你會的。但是從這個經驗中，你會學到如何在未來減低你跌倒的次數。

完美，有何不可？

我要跟你說的好消息是，你永遠不可能完美的。

我也很懷疑你是不是真的想要完美。如果你是完美的，如果你從不犯錯、如果你從沒失敗過，那你就沒有挑戰、沒有所謂的勝利，因為沒有什麼是需要戰勝的。記得我之前提到的那位因為太害怕玷污了自己的成功、而辭職的年輕主管嗎？這裡有另一個極端的例子。我所認識的一個極優秀的推銷員，因為過於優秀而辭職不幹了。

「那時的情況幾乎變成是，在事情發生之前，我就可以預料到它的發生。」他說，「我知道我要說的是什麼，我也知道他們會如何反應。我知道我要如何回應、以及他們會對我的答案做出怎樣的反應。然後我知道我會提出怎麼樣的建議，以及他們的答覆，我很清楚我們會如何協調、而我會如何完成交易，其結果會是我提議的三分之二或是四分之三。整個過程變得十分無聊，以至於我不再去聽我自己說出來的話。我甚至會故意讓情況失控，然後再將局面扳回來。」

有一回這位銷售代表甚至跟一位女士說，他所推銷的某一項二等物品其實是垃圾。幾分鐘之後，他還是完成了交易，並且將這一項物品以附加產品的方式推銷了出去。

完美還有什麼樂趣可言呢？在邁向成功時擁抱失敗吧！

允許重大失誤發生

策略：允許重大失誤發生如果你正朝著一個長遠的目標邁進，你得將重大失誤列入考量才行。也就是說你要將目標定得更高更遠。

定下更高遠的目標吧。跟大家說你要達到的是那個較為遠大的目標，根本不要提起那個較小的標的。這是一個基本的推銷策略，跟我們之後要討論的「改變衡量的那把尺」的策略很有關係。你走進哈利的西裝店，想要買一套三百美元的西裝，但是哈利卻跟你推銷一套九百美元的西裝。這套西裝實在是好太多了，質感超好並且有雙層縫線，而你穿上了之後看起來就像是麥克道格拉斯一樣。然而，雖然你很喜歡這套西裝、但是九百美金對你來說太貴了些。於是你決定買那套六百美金的西裝，因為它也擁有那套九百美金西裝的一些特質，而且穿上了之後你看起來就像是安東尼霍普金。如果哈利一開始就跟你推銷這套六百美金的西裝的話，你可能最後會買的是四百美元的那一套西裝，然後你看起來就會像是你舅舅一樣。

如果你的上司知道你的目標是要做執行長、而且也知道你正為這個職位做準備，他怎麼能不將你提拔成工廠的協理呢？如果權力高層知道你想要成為區域主管，他們也許還不會給你那個職位，至少目前還不會。但是他們可能會讓你接管地方性主管。如果你只是要當地方性的主管，那你可能要跟其他有相同資歷的人競爭，而他們則可能選擇其他的人。

如果成為執行長是你的目標，那你若越早認為你是未來的執行長，你的上司也就能越早接受這樣的概念。若這是你想要踏上的職業道路，那你越早上路越好。

因為如果你的目標是成為執行長，而你最後沒有達成的話，也許你會成為一位副總裁。若是以店經理為目標，即使你成功了，你還是遠遠地落在那個執行長當不成而當成了副總裁的人之後。

這是另一種失敗為成功之母的方法。

林肯的模式

當大師們談到如何處理失敗的經驗時，他們常常會以林肯做例子。林肯在一八三二年丟了他的工作，同年他也在州議員的選舉中落敗。一八三三年他做生意失敗，但是在一八三四年他則成為了州議員。他的愛人死於一八三五年，而他也經歷了一陣十分憂鬱沮喪的日子。在一八三八年，他角逐競選州議會發言人的職位而落敗。在一八四三年，他參與國會的初選，但卻未進入提名的名單中。在一八四六年，他被選入國會，但在一八四八年，他卻沒有獲得再次的提名。隔年他參選土地官的時候，又敗下陣來。一八五四年競選參議員未成。兩年後，在競選美國副總統職位的提名時，他未獲黨的提名。而在一八五八年，他參選參議員再度中箭下馬。

這個故事最後光榮的結局，當然是林肯在一八六〇年獲選為第十六屆的美國總統。但是大師們常常忘了提及的是，就在他當選之後，南方從聯邦中退出，而美國就被一場最血腥、最艱苦的戰爭所撕裂。我猜林肯的健康因此大幅滑落的事實也不重要了，因為反正在戰爭之後，他很快地就被暗殺了。

這就是他的執著所帶給他的報償了。他可能是我們最偉大的英雄。但是他和他的家人卻沒有嚐過一刻的快樂。在克服失敗的典範上，我是不太傾向以林肯為榜樣的。試問有多少擁護他的大師或是任何人，願意跟他或是一個現代的林肯交換位置的呢？

要對你所追求的典範更小心選擇：因為你很可能就變成那樣的人。

顯然地，我們永遠無法預見我們的所作所為將帶來怎樣的結果。而如果林肯已預知了他的結果，他可能還是會不加思索地選擇同樣的道路。然而，如果你在朝向成功的道路上跌了一跤，你最好能確定那個你所失敗的成功，就是你真心所渴望的成功。

第十四章　讓家醜跳舞吧

如果你無法擺脫掉不可外揚的家醜，何不就讓它跳舞吧。　～蕭伯納〔George Bernard Shaw，1856-1950，愛爾蘭劇作家〕

那是一個炙熱的星期五午后，時間是三點半。房間裡十分悶熱，我們已經將百葉窗拉下已抵擋直射進來的陽光，所以室內一片漆黑，幾乎像是個洞穴。房間裡的三位人士和我自從早上三點就開始為這個職位進行面試，我其實有點好管閒事。我在那裡的諮詢目的是要改善這間公司每年高達百分之三十七的轉業率。

當天第六位面試者走進了房間裡。他向我們介紹自己是克勞德湯普森。他是一位非裔美人，打扮得十分體面。但是像我一樣，他的身材並不標準，一套三千美金的阿曼尼西裝穿在他身上，可能會變成是那種在大拍賣裡買來的衣服。我們手上已經三位十分有潛力的候選人，而且職位只有兩個。在兩天的面試過程中，區域經理已表達出她無可動搖的、偏愛的特質，「充滿活力與精力」，指的就是年輕的面試者，而且她很顯然會對同年紀的人產生被威脅感。她的兩位屬下則對她的暗示奉行不渝。

當我看了一眼湯普森的檔案，我很快地就將他從可能性很低歸到毫無可能的那一類。

我看了一下錶，想著我傍晚就要去搭飛機了，不知道我的同事們要花多少的時間將可憐的湯普森打發掉。

「所以為什麼我們要僱用你呢？湯普森先生。」區域經理這樣問道。這通常是他最後才會問的問題。

湯普森微笑起來。

「我已經五十三歲了，」他毫不猶豫地說道，「我是一個黑人，在我上一間公司倒閉之後，我幾乎已經有五個月沒有工作了。我在你們的工業裡沒有任何經驗。如果你查一下我的檔案，你會發現在『有無犯過重大刑案』的那一欄裡，我勾選的是『有』那一格。我已經應徵過許多工作，而沒有一間公司會僱用我。」他緩緩地一邊看著我們、一邊張開指頭數著這些不利於他的項目，那種自信的態度就好像他是在說明他的哈佛企管碩士學歷、他的奧運金牌、或是他在奇異汽車集團做過七年的執行長那樣。「所以讓我來告訴你，為什麼我會是你所要尋找的最佳候選人吧！」

於是他接下來真的就這樣做了，說明他在五十三個年頭裡所得到的經驗、自信與沉著的處事態度。

「如果你僱用我的話，我是不可能讓失敗發生在我身上的。」他熱情而自信地告訴我們，「當工作漸漸變得沉悶或是疲勞的時候，我根本不可能再搬到更綠的牧場上、或甚至是枯黃的牧場上。我會堅守在這個工作崗位上，就好像三十五年前我堅守在監獄的牢房裡一樣。而且你若仔細看，你會發現我是在牢裡完成我大部分的大學學業的。我從來不想要什麼碩士學位，所以我會盡可能地讓自己不要回到那裡去。但是我在那裡學到的東西，不管是正式還是非正式的課程，都是我之後之所以在每一個工作裡表現如此成功的主要原因。」

當克勞德湯普森走進來接受面試的時候，他成功的機率就等於是在明年九月被選為大西洋城的親善小姐那樣大。然後他將我們可能無法僱用他的理由都一一舉了出來：那些他一旦走出了房間、我們可能都會主動提出來的理由，當然也有一些理由可能是我們永遠都不會提出來的。

然而當他走出房間的時候，這些負面的論點我們連提都沒提到。既然克勞德已經都說了出來，於是就好像我們已經處理過這些部分了。也不是因為我說了許多話，大部分的時候我就只是坐著、並且以一種越來越愉快的心情傾聽。克勞德將他無法被僱用的因素轉變成他最大的利器。而其他遙遙領先的候選人則因為太過傑出、而隨時有另謀高就的可能。他們的優點一下子成為了缺點。在房間裡的每一個人都相信克勞德大概永遠不會讓公司百分之三十七的轉業率增加了。

區域經理將克勞德湯普森視為她頭號的選擇。她的兩位下屬則意見一致地通過了這項決定。之後的那個星期一，她們打了電話給克勞德，說他得到了那份工作。出人意外的是，他說希望能有二十四小時的時間來考慮一下。而隔天早晨他卻打電話向他們道謝，婉拒了這個工作的機會。

那位「找不到工作」的克勞德湯普森，已找到了另一份更好的工作。

帶著負面的行李

也許你從來沒進過監獄，也許你甚至還不到中年，也許你根本從沒失業過、或是從沒經歷過找不到工作的困境。但是我們都曾像克勞德湯普森一樣，在那樣的時刻走進那樣的一個房間。我們常常要面對被審判的局面：也許是被老闆、也許是被一個未來的上司、也許是被我們的同事、或是那些為我們工作的人。我們其實每天都在為不同的審判、向不同的人呈現我們自己。

我們都曾在克勞德湯普森的處境中，知道我們雖然攜帶著負面的行李，還是得去面得他人的評估。這可能沒有像一個坐牢的紀錄那麼極端，或甚至是任何我們覺得可恥的事情。這可能是任何一種負面的形象，任何我們曾討論過的事情。

有時候我們只是對於我們幹下的、或是沒有幹下的事情感到不自在。或者當時環境裡的情況讓我們感到不自在：我們無法對於一個傑出的員工給予加薪的機會；或是我們得向老闆解釋一個糟糕的工作結果。

或者這可能跟我們個人有關：一份有缺點的履歷表、或是不連貫的經歷、或是技術上的不足。也可能甚至只是我們外表有點問題、看起來不夠體面、格調不夠。或者就是一種自卑感，當我們覺得比起那些要面對的人時，我們不夠聰明、教育程度不夠高、或是不夠有錢。

在這一個國家裡，我們常常在所有的負面形象中額外加上：我們不夠有錢、不夠漂亮、不夠好，甚至不夠有名。

我們許多人，為了一些許多不同的奇異原因，會培養我們自身的自卑感。

小祕方：對於你的自卑感，你也許仍有許多地方尚待努力，但是要努力的不應該是去培養它。

關於將水加滿、以及和你的職業生涯中的消極面和平共處的方法，我們已經談了許多。而你在與消極面和平共處、以及將水加滿上做的究竟如何，其真正的考驗就在於你如何在別人的審判之下呈現出你負面的那一部分。

這就是本章所要談的主題了。你能像克勞德湯普森一樣，對於你負面的形象那麼自在、那麼有自信、那麼不在乎嗎?你可能不是一個推銷員，但是將你的負面呈現在他人的面前則的確是一個推銷的情況。而你的呈現則能決定你反應的方式。

將牛藏起來

最糟的情況就是你會發現自己表現得像是那種我所說的、會「將牛藏起來」的銷售代表。你可能有遇過一兩個這樣的推銷員。如果供給全國水源的井水裡有一隻腐爛的牛，他們就會盡全力地掩蓋這個事實。如果你說你嗅到了那個難聞的氣味，他們就會跟你說他們什麼也沒聞到。如果你堅持你真的有聞到，他們就會想辦法改變主題、或是讓你分心。這種策略通常被稱為「喂，你看，那是貓王耶」的策略。

這種將牛藏起來的心態還是可以達成交易。這就是為什麼有那麼多自卑的推銷員、以及非推銷員，在絕望的時刻緊緊地抓住這種方法不放。這也就是為什麼有那麼多的癟三，幾乎把它當成宗教一樣，無恥地在工作裡、甚至在他們自己的生活裡，不斷地運用這樣的策略：

- 這位議員女士，我根本不會擔心這件事。一切的局面都在我們的掌控之中，這個武器系統是絕不可能超過預算的。
- 喔，當然我在法國南方有一個小別墅，你真的相信我會因為要跟一個酒吧的女人搭訕，就編出這樣的謊話來嗎？

你可能從來沒有扯過這樣的謊，但是我們之間有誰從來沒有隱瞞過任何令人不自在的事情？讓應該要知道實情的人被瞞在五里霧中，也許是一個應該要被完成的、卻被大家所遺忘的任務；一個與同事共進午餐的「普通」約會，我們的另一半根本不需要知道的那種約會；對於所賣出的二手車，我們忘了提起它會漏油的事實……

我們多多少少都有這種將牛藏起來的心態。而我們可能已經隱瞞過許多在水井裡頭的、腐爛的巨大牛隻。

我現在在說的並不是一般的小謊，那種人們所說的「社交性的潤滑劑」：

• 是的，琳達，你新染的頭髮顏色十分好看。而且我想呢，這一定會將我們辦公室都照亮了起來。嗯，你說這種染髮劑會持續多久呢？

• 老闆，這幅圖畫實在太美了。請一定要幫我謝謝你太太。她真是現在的達文西啊，可不是嗎？真令人難以想像麥克傑克森跟惠尼休士頓變成了最後晚餐的使徒，咦，那位耶穌是瑪丹娜嗎？

不，我在談的不是這種小謊言。我在說的是那種如果情況反過來的話，你會覺得你需要知道的那種資訊。

牛是會浮起來的

將牛藏起來的問題在於，牠們就是有辦法可以浮到表面來。而且通常比你想的還要快。

小祕方：在腐牛傳出第一陣氣味的時候，沒聞到的人就會失去其可信度。

沒有可信度的推銷員，就無法達成交易。但是對那些不在推銷的人，他們要付出更大的代價。如果你失去了信用，別人就很難再相信你：我說的並不是那些可能不會再見面的客戶，而是一個老闆、同事、下屬的信任，或者甚至是一個朋友之類的人，她或他可能在你生命中扮演極重要的角色。

推銷員當然不希望失去顧客。但是失去一位好顧客比失去一個好朋友，要來的輕鬆容易多了。比起失去老闆的信賴時、其財務上以及非財務上的損失，無法達成一個交易時金錢上的損失實在不算什麼。當你週遭的人都對你起疑心的時候，你就很難享受你的人生了。

小祕方：決不要想把腐爛的牛藏起來。不管這牛有多小。

盡量地避免吧。想一想在過去你可能犯下的這樣的過失，以及你或許可以做如何不同的處理。在地球上沒有一個人是接近完美的，但是我們呼吸的空氣閱清新，我們所引用的水越乾淨，我們也會感覺越美好。

幸運的是，大部分的時候，我們大多數的人都夠聰明，而不至於犯下「將牛藏起來」的錯誤。

不幸的是，我們卻都會犯了油腔滑調的錯誤。

油腔滑調

對於油腔滑調的人來說，那些負面的部分都是很嚇人的險阻與難關，但他們總會若無忌憚地將之說出來，以至於這些消極面保證會成為大家所關注的焦點。

一開始的時候，他們會試著將消極面很隨意地偷渡進談話之中：

「後面那邊什麼也沒有啦。本來是有一個舊穀倉，而在遠遠的那個角落裡，就是你的化糞池了。至於那個方向過去，是你的水井。現在那裡頭有一隻死牛。而另一個角落，是作為花園的理想地點，就是你一直想要有的那種花園。在這樣的土壤裡，你可以種出像足球一樣大小的蕃茄。像去年住在巷子那頭的柯太太……什麼，不不不，我說的是牛。一頭死牛。但是不論如何當你嚐到那些蕃茄的滋味的時候……什麼？」

然後他們可能會想要將大事化小、小事化無。

「真的嗎？你很擔心這件事嗎？別擔心。在那水井裡的確有一條死牛。但是只有一條而已。在這種地方，你常常可以在水井裡發現五隻、六隻、七隻、甚至八隻死牛。相信我，不管他們怎麼說，這沒什麼大不了的。尤其只是一隻小牛而已。在那種水井裡，一隻牛根本沒有什麼差別的。很多人甚至不會自找麻煩去移動一頭牛。而且，當然囉，牛也是有機物啊。如果那一天你真的想從水井裡移走這條牛的話，也不需要花太多錢的，一點也不。尤其這片土地是這麼有發展的潛力，如果你分期付款的話，實在算不上什麼的。而且啊……」

油腔滑調的人在掩飾死牛的事實上花上那麼多的時間，以至於當他們終於說完的時候，你發誓你幾乎可以在地毯上、在窗簾上聞到死牛的味道。當交易完成之後，你甚至會在舌尖上感覺到一股有毒水井的酸味，雖然你根本沒嚐過那水井的水。

這種事我們都做過。純粹為著好玩的理由（如果你剛好覺得自虐是很好玩的話）現在就想一想你那些油腔滑調的時刻。你是不是曾經花言巧語地要將顧客的抱怨傳達到老闆的耳中?你對於自己部門未達理想的表現，是不是曾用接近中世紀神學理論之類的長篇大論來作為解釋的藉口?而即使公司有給你免稅權，你是不是還是有三十二個理由以及二十三個複雜的藉口，來推卸小孩的贍養費?

這些問題或是類似的情況會讓你感到不自在嗎?

不要太鄉愿了。如果你真的認為失敗是成功之母的話，這些過去的失敗應該是踏腳石，而不是拖累你自己的拖油瓶。當然啦，這並不表示你就不用將那張支付小孩贍養費的支票在今天寄出去。

小祕方：如果你發現你有油腔滑調的傾向，並不是不將事實說出來、而是不正面地去處理與面對，這表示你還沒有找到一種誠實的方式，來面對你所認爲是負面的事物。而如果你自己都不能與之和平共處，你當然就別希望能說服別人與之和平共處了。

油腔滑調是騙不了別人的，起碼騙不了那些不希望被愚弄的人。當它真的能瞞天過海的時候，那個可憐的、油腔滑調的經理、執行長、會計師、醫生、律師或是印地安酋長，不管他是誰，都會跟那個油腔滑調的推銷員所得到的下場一樣，他們會覺得自己裡外不一、並且每天都活在壓力之下。因為到了那個時候，這位油腔滑調的推銷員已經利用花言巧語來贏取別人的信任，然後利用這個信任來讓這個人花錢買他的東西。

當油腔滑調的策略奏效的時候，你總是會想你是不是傷害了那個相信你的人，以及你到底傷害他多深。當你的油腔滑調越成功的時候，當對方越相信你的時候，你就越會擔心，也就越會感到難過。當然啦，前提是如果你還有感覺的話，如果你還沒有變成一個憤世嫉俗的投機分子的話。

對於消極面自吹自擂

幸運的是，當你走進這樣一個充滿評審意味的房間時，你還有別的方式可以將你負面的部分表現出來。拿克勞德湯普森做你的典範吧，像一個真正偉大的推銷員那樣面對那些消極面。

傑出的推銷員從不將消極面隱藏起來，而且他們也絕不會隨口亂扯。傑出的推銷員將消極面轉化成他們的利器。他們甚至會將之吹捧一番。

「你知道在這個鄉下的不動產裡，最佳的優點是什麼嗎？那就是在你喝的井水裡有一隻正在腐爛的牛呢。」

「什麼？你說什麼？」

「在井裡有一條死牛。這也就是為什麼這個不動產一直沒賣出去、而且還不太貴的原因了。我認識一間公司可以幫你處理這件事，包括清潔工作只要五百二十五美金。你真的應該感謝你的幸運星，讓這間房子有這麼一個短視而愚笨的地主，遇到這樣的問題就放棄了。我還讓他把價錢壓低了五千美金。你想想看，那有什麼牛肉是這麼值錢的呢？」

在這一個案例裡，推銷員將水加滿的方式就是那五千美金的折扣。於是他得以從一開始就與消極面和平共處。

危機還是轉機？

在一九一二年，羅斯福被提名的前夕，印刷廠已經準備好了要印製他被提名的演說稿，稿底最後還加了羅斯福與其副總統候選人西朗強生（Hiram Johnson）的照片。然後競選委員會的主席發現到，他們並沒有人向拍照的攝影師詢問過版權這件事。違反著作權的罰款可能會高達三億美金。

印刷的版模都已經做好了，如果要將照片換下來的話，花費將十分驚人。但是沒有人知道這位攝影師會開出什麼樣的價錢來。說不定這位攝影師還可能是個民主黨員呢。在那個時候，潛藏的民主黨員可不少，而他們是很令人捉模不定的。這位攝影師可能甚至根本不讓共和黨員使用這些照片。

這位主席很快地發了一通電報：「我們計畫要發行三萬份羅斯福的演說稿，在封面上並將附上羅斯福與強生的照片。這對於攝影師來說可是不錯的宣傳機會。若使用你的照片，你準備付給我們多少的費用呢？」

「很感激你所提供的機會，」攝影師回覆道：「但是只能付兩百五十美金。」

這位主席毫不猶豫地就接受了。他說不定還能將價碼拉高到三百五十或是四百美金呢。

脆脆的危機

在家樂氏推出了最新產品「脆脆玉米片」之後，由於他們在廣告行銷上砸下了太多的資金，家樂氏公司竟然面臨了沒有存貨的窘境。也就是到處都看得到他們的廣告，但是產品卻少得可憐。人們都想買脆脆玉米片，可是卻買不到。

所以家樂氏將危機變成了轉機，並且對於消極的那一面大吹大擂，他們在全國的主要報紙上刊登道歉啟示，並且要求消費者給他們多一點時間。他們的標題是這樣的：「好啦，到底是誰拿了最後一包？」這則廣告的內容是解釋家樂是的員工是多麼努力地在工作，以趕上消費者對於脆脆玉米片的瘋狂需求。

這種天衣無縫的計畫當初有誰能想得到呢？

大聲而驕傲：最終極的銷售秘訣

小祕方：如果你可以對消極面大加吹捧的話，那就表示你已經能與之和平相處了。通常與之和平共處的秘訣，是找到一個你可以誠實地吹捧消極面的方法。面對不可外揚的家醜，如果你能與之共舞，世界也就會有趣多了。

很顯然地，現在不是要你把關於你自己、你的處境、你的願景以及你的企畫案裡的所有負面消息，盡可能地倒在所有人的身上。對於什麼人說什麼以及不說什麼這件事，完全取決在你。而且，這也非關道德。這是關於保持你自己的完整性（關於成為那個你想要成為的人），所以你可以在你的定義裡盡可能地達到成功。如果你真的覺得不將某個資訊傳達出去，對你來說是無所謂的，如果這不會讓你不安，而你杯中的水也能保持圓滿的狀態，那別人也沒有置喙的餘地。

但是如果你相信你所面對的那個人，有權利知道某一個可能性的問題，或者是他們會想要知道這樣的事情，就大聲而驕傲地說出來吧。自信心是絕佳的銷售利器。

「其他設計公司的收費會比較低廉嗎？艾倫，當然啦。他們要便宜地太多了。但是如果他們能收費高一點的話，為什麼他們不那樣做呢？他們可不是慈善機構啊，當然跟別人一樣都想要賺越多錢越好啊。他們索費較低是因為他們的產品就值這麼多錢而已。我們索費較高是因為我們覺得，我們的設計的確值更多的錢。我們的顧客也都是這樣想的，所以他們願意投入更多的資金……」

或是，

「不可能，老闆，我根本不可能在星期二之前完成那份報告。我可以趕一趕，但是你所得到的就會是一個急就章的東西。你想要的應該不是這樣的成果。如果我們要做的好的話，就要多花一點精力、多花一點時間在研究上。但是結果一定保君滿意。」

對於消極面大吹大擂，也就是將家醜外揚，表示著在適當的時機將牌攤在檯面上。好好地解釋一下為什麼有消極面的存在、或者為什麼它沒有什麼大不了的、以及為什麼其實它甚至是個優點。可別完全不做解釋，然後等到別人自己發現了，那時候情況就會在你的控制之外了。

這樣的動作本身的涵義是：是的，這個可能性的問題的確存在著，就像你懷疑的那樣。我從來沒想過要隱瞞你。但是很顯然的，我一點也不擔心你會知道。我很確定你還是會跟著我繼續前進。我的理由如下——

小祕方：說真話是終極的銷售秘訣。誠實最能卸下對方防備的武裝。

以下的家醜策略會告訴你，在許多不同的情況中，如何吹噓你的消極面。這些策略跟我們在本書中討論過的有許多相似之處。

家醜策略

1. 爽快地承認那些消極面吧。要對你自己誠實。這可能是你所關心的某件事，或者是對方可能會提出、或已經提出的抗議。要有危機意識：不管是對自己或是對於相關的人。

2. 盡可能地為你自己或是為別人，列出消極面所有可能的優點。

3. 想一想那些消極面背後，是不是都有著積極面的存在：「我之所以會晚點交報告的原因在於，我要確保這份報告能有一定的品質。」如果沒有消極面的話（遲交），也就沒有積極面了（品質的保證）。

4. 想一想那消極面事實上是不是就是潛藏的積極面。克勞德湯普森由於很難找到工作，所以僱用他能夠保證會得到一個更能奉獻心力、更投入、也就是更搶手的員工。這樣一來，消極面（很難找到工作）就成為積極面了。或者至少，它成為了積極面當中的一部分（一個更搶手的員工）。

5. 想一想那消極面的存在是不是就是積極面的證明。「我們的收費比同業要高出許多，但是我們的顧客為什麼還是願意付出額外的費用呢？那是因為我們的產品也相對地優秀許多。」積極面（優秀的產品）是從消極面（較高的收費）裡推論出來的。

6. 想一想你是不是能對於包括消極面的整個情況大加吹噓一番：「是的，老闆，我可能是團隊裡最糟的射球手，但是我還是值得一年七百六十萬美金的薪水。因為我從來不會讓球在我手中跑掉，而且我是你所能找到的最佳傳球員。簡單地說：如果球隊有了我，得分的機率就大得多了。」即使身為一個最糟的射球手，實在沒有什麼可以吹噓的，但是總的來說，情況還是十分積極的。（至於是不是積極到值得七百六十萬美金，那就不關我的事了。）

當有人向法蘭克洛伊懷特﹝Frank Lloyd Wright﹞抱怨說他所設計的屋頂會把水漏在桌子上的時候，他的回答很簡單：「那你為什麼不把桌子移開呢？」對他來說，這棟建築物是瑕不掩瑜的。當然囉，水又不是漏在他身上。

7. 想一想你能夠如何加油添醋，好讓你可以完全誠實地自吹自擂。「我知道我們公司的人在過去讓你失望過，而在這樣的過渡時期裡，在他們接受過完整的訓練之前，我實在無法保證他們不會讓你再次失望。但是我會親自監督這個重建的過程，每一步我都仔細監督。而且讓我提醒你一下，我過去的紀錄是如何的輝煌，以及我如何能在期限與預算之內，完成這項任務。」讓你自己成為消極面與積極面之間的轉捩點。

8. 如果以上的方法都沒效的話，那就表示這個消極面實在是扶不起的阿斗。你得試著往杯裡倒水才行。跟屋主談談減價的可能性、或者乾脆就將牛從井裡移開吧。

現在輪我自我吹捧一番了。當你讀完這本書的時候，你應該有辦法讓你所有的人格特質變得像那位找不到工作、有前科的中年克勞德湯普森所呈現的一樣，那般地讓人留下深刻的印象。

第十五章　改變衡量的那把尺以完成交易

三萬美金要買一輛飛雅特可能是太貴了點，但若是要買勞斯萊斯可就算是超級便宜了。如果你要買洗碗機的清潔劑，五加崙可能是很大的量，但是你若一開始考慮的是二十加崙（或是推銷員讓你考慮過二十加崙），那麼五加崙就算不了什麼了。

我們在上一個世紀所學到的一件事情就是，所有的東西都是相對的。傑出的推銷員能藉由將價值顯示出來以及改變衡量的那把尺，而將大的數目變成小數目，比起飛雅特，勞斯萊斯可能是一筆更好的交易。

一位國會議員有一回問我要如何「化解」一條將花費五十億的法案。她希望能用花言巧語的方式瞞過另一位極有名的參議員的耳目。

我搖搖頭。「這位參議員可不是白痴啊，議員女士，他祇是愛在電視上裝白痴而已。你不可能在他毫不注意的情況下，偷渡這條法案的。這個傢伙可是讓他的屬下在辦公室裡還要花錢買咖啡呢。你要做的是去改變衡量的那把尺。」

「五十億元可不是小數目，要怎麼去改變衡量的尺呢？那可是喝不完的咖啡啊。」

「五十億美金？對於這樣的計畫來說，這不過是花生米而已！去年而已喔，中國就在這樣的計畫上花了一百七十億美金了！」當你要改變那把尺的時候，有時候使用驚嘆好是很必要的。

「他們真的花了那麼多錢嗎？」

「這是改變衡量方式的一種方法，」我說，「當你在解釋這個計畫的美妙之處時，在你談到價錢之前，你先跟參議員提到那些更大的數目，也就是你所能找到的最大的數值。然後詳細地說明所有可能的利益。」

「這也能造福他的選民。」

「對，特別去強調這個計畫對他自己、以及下一次的選舉活動有怎樣的利益。畢竟，你是希望他能全力支持你的。然後，你什麼也不要說，讓他自己提出價錢的問題。」

「如果他不問呢？」

「如果他沒問的話，那對於這個計畫他的意願還不夠高。你得要提高他的意願才行。」

「好，如果他問的話，我就說，『比你想的要少多了。』」

「你可以這樣說，但是要是我的話，我會反其道而行：『參議員，價錢很高呢，可要花上一大筆錢。』然後我會停一下，讓他想像著這無與倫比的天價，最好是比實際的價錢還要高出很多。你讓他想要接受這個計畫，卻又期待著最糟的情況發生。如果他想的是一百億美金，那麼五十億美金就算是撿到的了。」

「改變衡量的那把尺。」

「完全正確，從那裡開始，你的論點就會是：『是的，是五十億美金，而這保證物超所值。』然後你再用你上星期跟我敘述時所展現的熱情與誠懇，來重申這五十億美金的計畫案是多麼地物美價廉。」

你將消極面轉成積極的那一面，也就是去改變衡量的那一把尺。

我的問題十分令人頭痛，因為它們是如此切身。你的問題因為事不關己，所以對我來說就顯得無足輕重。

但是我們可以改變衡量的方式，來為我們的問題帶來光明的一面。

我可能在經濟上很拮据。但是你知道嗎？每個月一千美金的收入，就能讓我成為這個世界上前百分之一的富人。

而每晚都有飯吃、有車子有房子、有電話、有中央空調、以及有線電視頻道的人還不到世界人口的百分之一。

如果六十五歲的你，成天總是在悔恨著你所錯失的那些機會，想一想到了八十五歲的時候，你會多麼渴望再回到六十五歲、擁有再年輕二十年的機會。

這就是所謂的改變衡量的那把尺了。

夢想與夢魘

大多數的時候，提母漢尼士是很喜歡他在生產線上的工作的，只是有時候這工作會變得很枯燥。「當我在後頭的陽台上吃午餐的時候，」他說：「我看著那些流動的工人在彎著腰，或撿、或種、或是為那些草莓施肥。不管他們在做什麼，他們總是彎著腰。我知道他們偶爾會抬起頭，然後盯著我們看，並且夢想著可以像我一樣在這間工廠工作。像我一樣賺這樣的薪水、擁有這樣的福利，夏天的時候不怕日曬，雨季的時候不怕風吹雨淋。而且還總是乾乾淨淨的。他們甚至沒有機會可以在午餐前清洗一番。我的工作是夢寐以求的工作，這點我希望永遠都不會忘記。」

我們絕大多數、擁有專業技能的人，從來不了解真正辛苦的工作為何物，以及那種工作的薪水是多麼地少。並且也不會了解陷在一個永遠無法改善的、永遠無法賺更多錢的人生裡，是怎樣的一種光景。

就像是死亡能讓人思考一樣，我跟你保證，站在一個淹水的水溝當中，當你手中的電動清理器的電線幾乎要斷掉的時候，也能讓人達到相同的思考狀態。我就是在那個時候突然醒悟到，為什麼我的父親會那麼努力地工作，好讓我和我的兄弟姊妹們都能夠進大學。

小祕方：你可能會擁有別人夢寐以求的工作。這不表示那就是你夢

想中的工作，或者你不應該去試著尋找你夢想中的工作。這只是表示著，也許這份工作不如你想像中的糟糕。

「但是我的人生就是一場夢魘，」有一回在我的座談會之後，一位女士這樣跟我說道。「你如何在一場夢魘中去改變衡量的那把尺？」

去減少她的問題、或是別人的問題，並不是我的權責。我得要先承認在這個國家或是這個地球上，有很大一部分的人的工作都比我的糟。我一直認為，身為信心講師的我們，實在需要了解到這一個衝突點。

有一次在一個建築工人的頒獎典禮上，他們請來一個特別趾高氣揚的信心講師做演講，而我則站在那房間的後頭聆聽。一位中年男子僵硬地站在我後面，顯然地根本連坐都坐不住。他一邊聽的時候，一邊按摩著自己的手。那是一雙扭曲變形並且罹患關節炎的手。那雙手已經被洗刷乾淨了，幾乎像是擦破了皮一樣，但是上頭還是嵌著粗糙的突起顆粒。

「她有什麼理由不積極呢？」他喃喃自語道，往演說者的方向望過去。在她身邊的螢幕上，投影片正展示著她登記了版權的「成功的二十六個秘訣」當中的第十一項秘方。「如果有人像她賺這麼多的錢，可以飛過來做一個小時的演講，在陽光中漫步，然後就拿到一張大支票，再搭飛機回家，誰不會樂觀進取呢？讓她來試試看一個星期六十個小時都在華氏九十八度的高溫下，在一個屋頂上鋪滾燙的瀝青看看。這樣她才有資格來跟我說教，說什麼努力工作、認真執著以及積極的態度。她這一輩子除了教別人如何過日子之後，又做過些什麼呢？成功的二十六個秘訣？除了向別人推銷這二十六個秘訣之外，她擁有過什麼樣的成功呢？」

他停了一下，往我這邊望過來，很顯然地終於了解到我並不是一個建築工人。然後他問道：「你是幹什麼的？」

「信心講師，」我說，「我是下一個演說者。」

「真期待聽到你的演說啊！」他喃喃地說道。然後就走開去站到別人的身邊了。

威勒法則〔Weiler's Law〕指出，只要一個人不須親力親為，那對他來說，就沒有什麼是不可能的。我所要扮演的角色，並不是要去減少你所要面對或是克服的問題。而且我的角色也絕對不是要去消弭你所要面臨的夢魘。這不是我的責任，但很可能是你的責任。

你要如何在一場夢魘上去改變衡量的那把尺？

畢竟，生命可以是殘酷的。海倫凱勒，比起你和我來都更懂得生命的困境〔至少比起我來，她在這方面的體會幾乎是無窮大的，而我猜比起你們來，她的體會也是遙遙領先的。〕她曾說過：「這個世界充滿了苦難與折磨，但是它也充滿著克服障礙的挑戰。」

小祕方：我的責任不是要消弭你所受到的折磨，那是你自己的責任。尤其是當這種折磨比起海倫凱勒所克服的苦難，根本是小巫見大巫的時候。

而且我們許多人可能根本沒吃過什麼真正的苦，雖然有時候我們會以為自己在受苦。

將失敗轉為成功以及將成功轉為失敗

你個人的衡量方式，決定了你對於成功、失敗以及這之間種種事件的定義。這個道理在受害者的身上尤其明顯。卡西麥卡里斯特（Kacey McCallister）是一個年輕的男孩，他在一場車禍中失去了兩條腿。一條在臀部以下完全被切除，另一條腿則只剩六英吋。他以兩英呎六英吋的身高參加棒球及籃球的運動。在被聯合通訊社的鮑伯波恩訪問時，他說道：「我體會到，」卡西說，「我無法改變這個情況了，除非他們能發明什麼東西讓我的腿重新長出來。我只能接受我所擁有的東西。」

他的家人跟那位在卡西過馬路時、意外撞上他的卡車司機仍保持著聯絡。「我想這位卡車司機所要承擔的，比我們所要承擔的要來的糟糕多了。」卡西的媽媽這樣說。

而在另一方面——

在一個多層次傳銷公司的代表大會中，他們一位高階的銷售代表發表了一場演說。不管你對多層次傳銷的印象為何，這可是一個努力工作、並且克服種種困難的傢伙。他已經締造了驚人的經濟奇蹟：一年可以賺個二、三十萬美金。今晚，他將自己的故事娓娓道來。

他曾經是一個影印機的售貨員、牛奶卡車的司機、以及公車司機。他曾被解僱，也曾做生意失敗。當他進入這間多層次傳銷的公司時，他所有的親朋好友都嘲笑他。他邀請他們參加他的第一次家庭聚會，然後他等了又等、再等，卻沒有一個人出現。他從未忘記那個夜晚，並且用他們所帶給他的傷害以及憤怒來幫助他往成功的目標邁進。

他微笑地談起那一天，當他邀請他們參加他的遊艇首航日，那座遊艇是他和他太太成為首席推銷員的獎品。他談到當船緩緩駛出、當香檳慢慢滑落、當船的笛聲響起、當他往甲板上望去、而蒸氣裊裊上升時，他心中的感受。以及在這個光榮的時刻，他俯視著那些曾經嘲笑過他的人，顯然是他的親朋好友，然後他向他們舉起了他的中指。

若一個人想要對自己以及他人證明，自己比他們想像中的都還要來的優秀，並且利用這樣的慾望來驅動自己往目標邁進，這樣做當然是沒有錯的。只是對我來說，駛著一輛豪華的遊艇，而遠離了一輩子的好友與親戚，實在並不是我想像中的光榮面貌。或者如果這就是成功的話，跟一個兩呎七吋、在玩籃球的男孩相較起來，其衡量成功的那把尺要小的多了。

小祕方：當別人誤會你的時候，你的寬容與原諒能夠徹底地改變衡量的那把尺。它能夠將失敗轉化為成功。而你若是無法釋懷、無法原諒對方的話，那麼再大的成功也是失敗的。

諒解與生還

百分之八十的美國人相信，原諒別人是需要上帝的幫助。我不這麼認為。羅勃恩懷特〔Robert Enright〕，是一位心理學教授，也是「寬容中心」〔the Forgiveness Center〕的創辦者，他的說法是：「寬容的本質都是一樣的。你被某人傷害了，你選擇放棄了你有權利使用的怨恨。你在那些不值得的人面前表現了你的慈善與憐憫。」在那個至少在你眼中不值得的人面前。而這樣做會讓你覺得好多了。

小祕方：你之所以會原諒別人，完全是因爲你自己的緣故，而不是爲了那個你所要原諒的人。那個人可能根本不在乎你是否原諒了他。他可能根本不認爲自己做錯了什麼事。他甚至對自己的所作所爲還很理直氣壯呢。你原諒他的原因是因爲要讓你自己好過一點。如果好好地過日子就是最好的報復的話，那麼寬容與諒解則是幫你過好日子的其中一種方式。

「原諒與和解不見得是同一件事。」恩懷特說：「你不需要屈服在對方之下，但是你可以打破那個循環……如果你願意去原諒的話。」

策略：有時候原諒也可以是和解的。這可以是一個你帶給別人的禮物。因為你知道，有時候你也會在別人的眼中犯下錯誤，而你也記得當別人原諒你的時候，那種感覺有多美好。

策略：當你認為被別人誤解的時候，另一個改變衡量方式的方法不見得一定要去原諒或是達成和解：你只要把你自己當成是個生還者、而非受害者就行了。

「我從來不去想說他們到底對我做了什麼，」一位女士這樣說道。她被公司解僱之後，這間公司在極機密的內部文件中，才發現他們錯怪了她。「我會去想我要如何度過這個難關。我寧願集中心力去思考我的成就，也不願意因為他們的過錯、而浪費時間去生他們的氣。」

她把這件事交給了律師來處理。上帝可能不會尋求這樣的管道，但是我想那位匈奴王的解決方式可能會比這更糟糕吧！

去改變你衡量敬畏的方式

有時候我們需要改變那把衡量別人的尺。許多時候我們大多數的人都對老闆、或是老闆的老闆、或是老闆的老闆的老闆感到敬畏。為什麼會這樣呢？

為什麼我們會對有力人士感到敬畏呢？我們都知道，不管我們本身多麼聰明、多麼有錢、有麼有影響力或是多麼體面、或者多麼有名，我們還是充滿了不安全感、恐懼、弱點以及悔恨。但是我們常常會忘了別人也有同樣的困擾——尤其是那些比較聰明、比較有影響力、有錢、有亮麗外表的人，甚至更深受其擾。

你跟我可能都無法分辨牧羊犬以及狼狗之間智力的差別。我總是在想，如果有一個從別的星球來的生物，降臨在地球上，對於我們所認為是極大差異之處，在他來說可能根本沒有差別。一個從阿爾發星來的傢伙，可能對於愛因斯坦與一個鄉巴佬之間的智力差異一一智力向來是最被珍視也最受到獎勵的人性特質——一點也無法分辨。在阿爾發星球上，其間的差別可能微乎其微。

很顯然地我們並不知道那些絕對的衡量標準在哪裡。

「我以前會對那些有力人士感到敬畏。」一個極端成功的高科技企業家這樣說：「直到我有一天遇見了一位極受推崇的電視偶像。他不僅會將兩隻腳穿進同一隻褲管裡，他甚至忘了拉拉鍊了。他是一個很優雅的人，但是再也沒有什麼比這件事能更讓我放輕鬆的了。

我們都是人，都有脆弱的一面。

小祕方1：皮爾斯布洛男儘管英俊，茱莉亞羅勃茲儘管美麗，都不代表他們比你傑出。這代表的只是他們比你好看而已。

2：華倫巴費的億萬財產不見得就讓他成爲了一個更好的人，就算是比爾蓋茲的錢財、聲望和權力也辦不到這一點。

泰瑞莎修女可能曾經是一個比你更好的人。也是一個比我還好的人。而那個將腎臟捐給一個完全陌生人的傢伙亦是如此。但是比起一個真正善良的人，你和我可能對於一個有財勢有名望有外表的人還會更來的敬畏幾分。

為什麼我們總是對那些成功的人感到敬畏（這個成功通常是我們不太願意承認的成功標準），而不是對一個真正成功的人感到敬畏呢？

如果你想要審視一下你的價值觀，你可以做如是的思考：一個人突然變有錢了。也許錢還是偷來的，或者也許他是中了彩券。也許是7-11的機器選出了中獎者的號碼，所以他甚至不是靠自己力量贏來的。但是，突然間，大家都開始善待這個傢伙了。這很可以理解，我們都想要分一杯羹，即使只是一點點的好處。所以我們也許都會拍他的馬屁。這種事可能不值得讚揚，但是可以理解。

比較無法理解的是，我們開始認為這個人因此成為了更有價值的人。我們對他更尊敬了。我們會向他詢問意見與建議，而且我們還真的會聽從他的意見。跟他在一起的時候，我們都會覺得與有榮焉。

我們對於有錢的人的確抱持著多一分的尊敬。即使這錢是他們不花吹灰之力得來的，也是這樣的情況。而當這筆錢是他們繼承而來的，這樣的道理更明顯。然而在這樣的情況中，通常表示這個家族可能有好幾代，都沒有人做過任何對社會有益處的事情了。

小祕方：有時候要改變衡量的那把尺，你需要檢查一下你的價值觀。

刻意地讓人感到敬畏

而另一方面，這個世界上也有像馬文這樣的人，刻意地要讓別人對他敬畏。「馬文一定會讓你知道，對於像我們這樣的人來說，他實在太重要了。」一位與馬文交手的推銷員這樣抱怨。「每一次開會他都會遲到。當他在電話上大談他的高爾夫球經的時候，你就只有苦苦等候的份。他的辦公室十分寬敞，真皮座椅像是一個寶座一樣。給客戶坐的兩張椅子，表面則是布做的，相較起來矮小地多了。最誇張的是，事實上是他把椅子給截短了。而前面的椅腳比後面的椅腳還要短。所以不管你怎麼坐都不會感到自在。而你如果要在大腿上放任何東西的話，就一定會滑落下來。」

「這是老把戲了，」我補充道：「我記得精神分析師都愛用這一招。」

「當然，我也聽說過，只是我從來沒遇過有誰真的大費周章這樣做的。然後他就會對你所要說的話，表現出一副注意力不集中、很不耐煩的樣子。當你在說的時候，他就會不時搖搖頭，好像聰明如他根本不可能相信任何你所說的話。而且當然囉，你做的事沒有一件是對的，也永遠不可能是對的。」

「然後一逮到機會的時候，」我接口道，「他就會因為一點小事而大叫，接下來就開始要求這要求那的。」

他驚訝地說：「你認識馬文嗎？」

「我是做推銷這一行的，每一個推銷員都多少會認識一個馬文。」

他點點頭。「說馬文是個很麻煩的人，就好像是在說癌症是很討厭的病一樣。所以在經過了那麼多煩人的事情以及處理了他大大小小的要求之後，我花在買胃藥的錢可能都比我從他身上賺來的錢來多。然後有一天，我接到了一通電話。」

「馬文打給你的？」

「別傻了，馬文那種重要的人物，怎麼可能直接打電話給我？是馬文的秘書打來的。她說：『馬文先生要跟你說話，請握住話筒不要掛斷。』又是一招老把戲。接下來他就會讓你等個二十分鐘。但是我實在是受夠了。所以我說：『我不會再為馬文先生握住任何東西了，除非那是他太太！但是我現在連做這件事的時間也沒有，因為我正忙著取消他最後一個訂單——最後的一個！』」

為什麼會有人對馬文這樣的人又敬又畏呢？這樣的人有太多的不安全感，以至於他總要大費周章地想辦法要佔上風。這樣的人你反而應該要同情他才是。想想看，一個穿著過於昂貴、標榜著成功的西裝的人，跪在地上去截斷那些椅子的腳，這樣的畫面有多麼不堪啊？

小祕方：如果有人認爲要使人對他敬畏，是他成功的關鍵，那決不要對這樣的人敬畏。

他這樣做只是要讓你知道，他是在跟這個世界比賽，而且如果不讓別人對他敬畏的話，他便不相信他能夠贏得這場比賽。他這樣想也沒錯。他只是想辦法把自己像汽球一樣地灌大，希望大到無人能及的地步。當這沒有效的時候，當汽球被撐破的時候，他心中那把衡量的尺也會做出前所未有的大改變。

任何一個好的推銷員都會想要開車輾過馬文先生的。而一個不太好的推銷員則可能會想要抄他的家，包括他那套變態的辦公室家具。

衡量的尺

想一想這個星期或是這個月裡，可能發生在你身上最有壓力的一件大事。然後想像說在這件事發生之前，你發現到你所最愛的那個人，就快要走到生命的盡頭了。那麼跟財務部的那個會議，又能帶給你多大的壓力呢？這樣一個不重要的事件你可能根本連出席也都免了。

小祕方：你所最愛的那個人，的確是離生命的盡頭不遠。

你也是一樣。

根據評估（這句話通常的意思就是我堅信）在生命中最巨大而最殘酷的事實面前，我們所最害怕的事情有百分之九十九點九九七三都會變得無足輕重。這些殘酷的事實包括：一段破裂的婚姻、一個突然變成精神病的小孩，以及罹患了胃癌。

完全端看你那把衡量的尺。

幾個關於衡量的議題

第一個議題 兩億年前，在佛羅里達州中央的火山爆發了，它分開了古老的地層板塊，創造了大西洋海域，並且將地球上許多生物摧毀殆盡。我們之中可能有人今天過的不太順利，但是今天發生在你我身上的事情，都不致於有那麼的糟糕。今天困擾我的事情，可能在兩億年後，就一點也不重要了。也許兩百年後、或甚至下個星期就都煙消雲散了。

第二個議題 在《在夜晚之外：一個生物學家對於未來的觀點》〔Out of the Night: A Biologist's View of the Future〕一書裡，諾貝爾獎得主穆勒〔H. J. Muller〕要他的讀者想像一下，把這個星球的生物史當成是一條從波士頓連接到摩根先生〔J. P. Morgan〕在華爾街辦公桌的繩子。繩子從太古時代的原生物質開始，就在波士頓議會旁的麻省議會大廈處。〔當我還小的時候，我常在那裡出沒，我可以做證，那裡仍然到處都是太古時期的原生物質。〕細胞開始繁殖、分裂、或是突變。在麻省、羅德島、以及康乃狄克州繩索上的生物，大家都還叫不太出名字來。一直到我們進了紐約市的市區，四隻腳的陸上動物才開始出現。到了哈林區，第一群哺乳類與鳥類現身了。最後一隻恐龍的足跡是在四十二街。在接近梅西百貨公司（Macy's）的地方，猿猴類開始進化。在進入摩根先生的大樓之後，尼安德塔人（Neanderthals，譯註：一種歐洲原人）才終於出現。根據穆勒的說法。「所謂的人類，也就是有智慧的人（Homo sapiens），其最早遺跡是在摩根先生的辦公室裡才被發現的，距離辦公桌只有七呎半。」三呎之後，文明的跡象才開始萌芽。

「在辦公桌上，距離中心一呎遠的地方，是古老的杜唐卡門國王（譯註：紀元前十四紀的埃及國王）。距離中心五吋半的地方，標示著羅馬文明的衰落與黑暗時期的來臨。而距離現在中心一吋半之處是美洲大發現以及哥白尼宣言的發表（也就是地球繞著太陽轉，而不是太陽繞者地球轉。）人類開始了解到他所居住的世界之無窮無盡，以及自身的渺小。」接下來，在接近終點半吋的地方，「工業革命開始了第一道曙光。而接近終點四分之一吋處，達爾文發表了他的理論，而人類也終於體會到自身與世間種種機制的空幻與無常。」

穆勒在多年前出版了這本書，但是這個衡量的標準至今仍大致適用。在這兩百二十哩的生命線上，我們大部分的歷史是在最後一英呎才發生的。那只佔了這根繩索的一百一十六萬一千六百分之一，也就是這個星球生物史上的 0.0000008 而已。

而且，我們甚至不想去談說，這個星球在整個宇宙中有多麼微不足道，反正我們也無法真的去想像。

現在，讓我告訴你，我對於那個工廠經理，是有多大的不爽了。

第三個議題 劇作家湯姆史託帕（Tom Stoppard）曾說：「永恆真是一個恐怖的概念。我的意思是，它要結束在哪裡呢？」如果你也曾想過這件事，太空學者告訴我們，在4000001999年的時候，太陽會變成一個巨大的紅色火球，然後將地球上所有的生命都摧毀殆盡。他們可沒說是哪一月呢。

第四個議題 想一想如果你一開始是英國那麼大，然後變成一間房子那麼小，然後變成一個人、變成一個原子、最後再縮小成為一個原子裡的原子核。理論上，就是根據公共電視節目的說法，在原子核以及其他附屬的原子物件當中，充斥著許多量子的泡沫。每一個泡泡跟原子核之間的比例，就好像是這個原子核跟英國之間的比例一樣。

第五個議題 我在書中有幾次提到，我們之間的相似處遠大於相異處。我們到底有多相似呢？是這樣的，我們所有的基因組成有百分之九十九點九是一模一樣的。

一模一樣。

小小的事實

我們都知道，有時候我們可以對彼此做出很壞的事情來。但是我想用一些小小的事實來衡量這些壞念頭。

想像你正在開車，你的安全帶已經繫上了，而那個全世界你最討厭的人就坐在你旁邊，沒綁安全帶。一輛大卡車闖了紅燈，於是你得踩下緊急煞車。你會自動地就將手臂拋出去，以保護那個你恨之入骨的人。

現在，想像你正走在人行道上，有一個老婆婆就走在你前頭。突然間她踢到一塊毫不起眼的黑石頭。她應聲倒下，眼看就要撞到頭了。你很有可能會大步上前，將你自己擋在那脆弱的頭顱與人行道之間，根本不會想到你會因此受傷淤青、或是毀了你那件昂貴的新衣服。

「但是嘛，如果我有時間思考的話，我才不會這樣做呢。」有人曾這樣偏激地跟我說。「至少不會去保護那個我討厭的人。」

這就是重點了。你不用去思考的。這些反應都不是想出來的，它們都是程式設定好的。我們已經進化成為社會的動物與族群，不管這個進化有多麼地不完美。我們身上都有著要保護別人的渴望與需求。這個發現對我來說十分能振奮人心，雖然我們還是有那麼多別的傾向與特質。

進步

我們正在進步當中。當然，這句話需要更全盤地來審視。我們仍然還是在互相傷害。當今的科技讓我們能夠得以傷害地更大更深遠。但是至少今天我們對於這些傷害都心存恐懼。在匈奴王的那個時代，那樣的行為卻是大家都接受的。

人吃人的時代已經過去了。現在有些專家學者可能會提供一些古怪的建議。但是曾經有些時期的大師，他們所提出的建議是獻出你的小孩以祈求雨的降臨。

我們不斷在進步當中。不管我們的情緒反應有時候看起來是多麼地不文明，你得要將這些的情感態度放到一個更大的時間標準上去測量。不久之前，你甚至還可以買一個殺人犯，將他淹死或是大卸八塊來娛樂親朋好友。還有一種流行的家庭娛樂方式，是把兩個盲人關進動物專用的柵欄裡，給他們兩根球棒，然後強迫他們展開一場你死我活的遊戲。所以也許我們的電視節目、或是世界摔角大賽，都還不致於那麼糟糕吧！

悲劇與統計數字

改變衡量的尺度，應該包括更能看清現實、得到一幅清晰的圖象，而不是將現實遮蔽住。有時候使用不正確的衡量方式，可以讓現實披上一層迷霧。大屠殺的獨裁者約瑟夫史達林（Joseph Stalin）深知其中的道理：「當一個人死的時候，那是一樁悲劇。」史達林說，「當成千上萬的人死去的時候，那就成了統計數字了。」

當史達林死的那天，大概有十三萬六千九百八十六個人也同時死去。比起他來說，其中大部分都是好人，起碼在做人這一方面更為成功。但是數字不會死亡，數字不會挨餓，數字不會受苦。但是獨立的個體會死亡、挨餓、受苦，一個接著一個地。

除非是被拿來比較、放到一個脈絡裡來看，要不然數字是沒有意義的。三萬美金是很大一筆數目嗎？要看你談的是飛雅特還勞斯萊斯。在這一本叫做《Filling the Glass》的書中，我實在不能不談談以下這個故事。

在一九九〇年，國會議員吉姆羅根（Jim Rogan）是一個區域的委任律師，被指派執行一樁沸騰一時的地方案件。有一個傢伙在喝了十杯啤酒之後，爬進他的車子裡然後撞死了兩個女子與兩個小孩。

在所有的證物都被檢視過後；雙方律師也都進行了抗辯與答辯之後，當輪到羅根做最後的結辯時，他緩緩地從椅子上站起來。他提起他的手提箱，一句話也沒說就走向陪審團面前。他打開手提箱，拿出一只杯子跟一罐啤酒，他將杯子放在陪審團的欄杆上，然後打開啤酒罐、將杯子注滿酒。他拿出第二罐、第二個杯子，然後做同樣的事情。然後是第三杯。他一直倒一直倒，直到第十個杯子裡的酒都滿了、而陪審團面前也排滿了空酒罐為止。

他看了看嫌犯、看了看車禍中的生存者，然後再看看陪審團。接著他彈了一下手指、就坐了下來。連一個字也沒說。

不到四十五分鐘，陪審團就做了嫌犯有罪的判決。

在《他們在哈佛商業學校裡沒有教你的事》﹝What They Don't Teach You at Harvard Business School﹞一書裡，馬克麥寇邁克﹝Mark McCormack﹞談到一個改變衡量標準的事件，那是我十分喜愛的一則故事。回溯到一九五〇年代，當羅勃麥那馬拉﹝Robert McNamara﹞擔任福特汽車公司的總裁時，公司的財政人員堅持，福特公司應該再關閉一座汽車廠，以節省開銷。在一個高層主管會議中，沒有人真的希望再關閉一間工廠，但是也沒有人願意挺身與財政人員對抗。

最後，一位資深主管問道：「為什麼我們不乾脆將所有的工廠都關閉起來？這樣我們才是真的省錢呢！」

這一番話和其中所包含的真實性，將整個會議翻轉過來，這間工廠也因此免於倒閉的命運。

壓力

現代人常常為壓力所苦惱，而壓力也可以被當成是一種衡量尺度的問題。專家說，你對於某些事件會有壓力的反應，這是一種學習而來的行為。我們可以把這個包袱丟掉、然後重新學習反應的方式。當然囉你會說，這些專家又不是為你的老闆工作的。然而，真正帶給你壓力的，並不是外在的事件。是你自己和你的身體在給你壓力。是你准許那些外在的事件啟動這樣的反應。

策略1：問一問你自己：這真的是一個很有壓力的情況嗎？讓你自己緊張對你有什麼好處呢？

策略2：想辦法將你同事的壓力指數降低，並且試圖去改變辦公室中無所不在的緊張氣。你會驚訝地發現，很快地你的壓力指數也會開始降低。

策略3：有時候，只是從某個狀況中抽離開來，也能幫助你改變衡量的方式並減低你的壓力。試試看冥想的方法吧，或是從辦公室裡走出去吃一頓午餐。如果這樣有幫助的話，偶爾翹班一下也無妨——即使只是再星期五下午早一個鐘頭離開、跟你的另一半去趕一場電影的約會。或是去渡個假吧，這只會讓你更容易達到成功。

有一間日本的公司，員工每天都會搖一搖呼拉圈以達到放鬆與休息的效果。

保羅席翰（Paul Sheehan）是一位建築師，也是戴爾席翰集團（Dyer Sheehan）的執行長。這間企業在加州是一間傑出的不動產投資仲介商。保羅之前也是一位專業的音樂家。他處理壓力十分有一套。當他需要休息的時候，他就會將電話線拔掉、將辦公室的門關起來，這樣就表示他不想受打擾。然後他會拾起那把吉他。

「我會花個十五、二十分鐘專注想著我要寫的那首歌，」他說，「並且去除我的壓力。在那樣的時刻裡，在我心中工作就會變成一件最遙遠的事情。」

策略1：在每一天裡，做個幾次一分鐘的旅行吧。閉上你的眼睛、想像你在百慕達的海灘上、或是在聖摩瑞茲的斜坡上滑雪。就像那個啤酒廣告說的一樣：「這是一個全新的世界。」而且你跟我一樣清楚，通常面對一個複雜問題，你若停止為它傷腦筋、並且讓它在你的潛意識裡沉澱一陣子之後，其解決方案就自然會浮現。

策略2：在你休息的時間裡，如果你有休息時間的話，找一個夠有趣的事情，好將你自己從工作中抽離出來。這可能會很難，尤其是根據調查，在男女性冷感的主要原因中，有一項就是因為太專注在工作上頭。就像是熊貓一樣，被囚禁的人類通常也會有生育上的困難。

如果性行為，或者至少是與你另一半的性行為，無法讓你從工作裡抽離出來的話，找一件能夠在這方面協助你的事情吧。去學學跳舞或是玩樂器、做個一日遊、或是在某個小鎮待一晚，或是收集一些奇怪的東西，反正就是去找一件你從來沒做過的事情。

如果你要選擇一件事情來沉迷、好讓你遠離工作的話，選一件工作之外的事吧。在一九七〇年代的時候，我有一個很好的朋友，狂熱地相信「保羅麥卡尼已死」（**Paul McCartney**，披頭四樂團的成員之一）的假設。

「我決定要來擔心這件事情，」他說：「這樣一來，我就不用擔心別的更重要的事情了。」

如果別的方法都不管用的話，就來擔心保羅麥卡尼吧。我的意思是，那些愚蠢的情歌跟《昨天》（**Yesterday**）這首歌，怎麼可能是出自同一個人之手呢？如果他不是比利席爾斯（**Billy Shears**，譯註：披頭四某首歌曲中的虛構人物）的話，那還會是誰呢？這個世界到底是怎麼了呢？會不會是因為布萊恩愛普斯坦（**Brian Epstein**，披頭四的製作人）跟約翰藍儂（披頭四的另一成員）知道了太多，所以他們才被殲滅的呢？還有瑪麗蓮夢露會不會也跟這有牽連呢？

小祕方：如果你沒有休息的時間，那就去爭取吧。

我會在下一章裡，對於如何運用你的休息時間，再深入地討論。但是現在，容我提醒你一下，改變你的衡量方法以讓你從工作中稍稍地抽離開來，對你的公司以及你自己是一樣地有效。你知道嗎?根據某一項研究,員工光是在頭痛症狀上,就能夠在一年裡浪費掉公司一百七十億的美金。

在《現代瘋癲症:在工作與情緒衝突之間的隱性連結》〔Modern Madness: The Hidden Link Between Work and Emotional Conflict〕一書中,道格拉斯拉皮耶〔Douglas LaBier〕寫道:「壓力會引起、或是使百分之七十到九十的疾病情況轉壞,而這讓企業界每年都要賠上七百五十億的美金,因為壓力能夠製造高度的神經緊張、心臟病、憂鬱症、躁鬱症,以及其他的疾病。」一份聯合國的報告《工作壓力:二十世紀的傳染病》則估計,在美國的工作壓力,每年都浪費掉了兩千億美金的資源。

兩千億美金耶,這可是個大數目。

至少在大部分的衡量方式中,這都不是一筆小數目。

第十六章　絕不要以成功為標的

我本來幾乎寫不成這本書的。

讓我跟你說說我的故事吧。你可能等這個等很久了。一本商業諮詢的書如果沒有作者白手起家的故事，怎麼能算是完整呢？只是我的故事並不是完全地白手起家的。就像我說過的，我的父親是一個在波士頓執業的律師，哈佛法律系畢業的。但是我們家裡有七個小孩，所以從來沒真正的有錢過。不過我的故事也不至於從哈林區的街頭或是阿帕拉契山腳下開始。我最慘的時候，也不過就是在印地安那州的聖母院大學等著天氣轉晴的那四年。

很顯然地，這樣的背景對於一個要去啟發人心的大師來說，實在算是一項很大的阻礙。但是藉著一點膽量、過度的自信、以及些許的愚蠢，我竟然能夠將這個阻礙克服了。在我三十歲的時候，我幾乎就跟一個中學的輟學生一樣一貧如洗。沒有沒有，我並沒有宣告破產、我也沒有毒癮、我的太太也沒有離我而去。而且，我的確已經有過一些小小還算不賴的成就。但是沒有一項是我滿意的。

當然啦，如果我知道我將會變成一個作家或是一個專業的信心講師的話，我就會想辦法讓自己的處境更悲慘一點。但是我當時還算是壯年，而想一想我一開始所佔有的優勢，那的確是我在那時所能夠達到最慘的狀況了。我當年真的是兩手空空、一貧如洗。而這讓我失去了信心、也讓我不斷地自我譴責。當時真的糟透了。尤其是每個我認識的人，在那個時候好像都已經非常地成功了。

我決定要去做一件簡單的事。如果我能找到一份正當的推銷工作的話，我要看一看自己能做到怎樣的地步，而且我要盡可能地把它做到最好。不管哪一天我可能會突然覺得十分地疲憊。我下定決心，在遙遙領先的時候，我絕不放慢腳步；在落後的時候，我也不會鬆懈。

因為就像我們大多數的人一樣，我知道我比我看起來的樣子還要好，我當時看起來，就是一個三十歲而一事無成的傢伙。但是我還是不知道，我到底有多好。因為，除了那些我成就過的事情之外，我其實從沒有真正付出全力地做過任何事——一件也沒有。一件也沒有。在我整個的生命當中。所以這成了我衡量自己的一個方式。這是我對自己的一項考驗。

我有一份十分亮麗的履歷表。所以我想盡辦法擠進了某家財富雜誌前一百大的推銷機構中。我甚至不確定自己夠不夠好到保住那份飯碗，更別提真的在其中飛黃騰達。他們把我送到公司總部去接受五個月的訓練，當訓練結束，我回到工作崗位的時候，我的經理馬上就把我丟到實際的戰場去。他太忙於人事的運作，而根本無暇顧及實際的銷售管理。在到處瞎忙了兩三天之後，我什麼東西也沒賣出去。

我開始考慮要辭職，因為我真的盡了全力，而我實在無法再面對另一次失敗了。

比起接受考驗來說，辭職不幹要簡單地多了。要冒險去證明那些對你自己負面的懷疑存在與否、要去面對那些在凌晨三點特別會浮現的自我詰問，的確是太困難了。我十分害怕結果會是，我根本沒有自己想像中的那麼好，畢竟這是我長久以來所相信的、也必須擁有的信念。雖然我從未真正地盡全力，但是我必須要相信我是有這樣的潛力的。

很幸運地，我最後得以將那個脆弱的自我壓抑下來，並且專注在我短期的目標上。我的短期目標就是：在接下來的電話裡盡力做到最好。然後在接下來的電話裡也是一樣。很快地，我就成交了一筆小小的生意。兩通電話之後，我成交了一筆大的生意。然後又成交了另一筆。

那就好像是突然頓悟了一樣。我可以跟那些大人物打交道，而且我還可以成功。然後我非常想知道，到底我可以走多遠？而我又能達到怎樣的成功？當然不意外地，因為我當時一毛錢也沒有，而且在推銷這一行，你做多少就賺多少，所以我更想知道，我到底能賺多少錢。

在接下來的那個禮拜裡，我賺進了六千美金。這個數目對今天來說，算是相當不錯了，而在一九八〇年代早期，更是相當豐厚的收入，尤其對一個銀行存款是負數的傢伙來說。那一年我在公司九百多位員工中脫穎而出，成為首席銷售員。而從那時開始，我就一直穩坐著第一名的寶座，即使在這樣資歷無法累積的行業裡，推銷員每年都要從零開始。當時在那間公司中，除了老闆之外，沒有人能擁有比我更高的收入。

很顯然地，我十分努力地工作著。一開始的時候，我常常加班。接著，令人驚訝的事情發生了。即使我減少工作的時間，我的工作成果卻不會因此減退。最後，比起那些收入只有我的三分之一的推銷員，我甚至跟他們花費一樣的時間、或甚至更少。

而一開始的時候，我還想要不幹呢。在那個改變我一生的工作裡待了三天之後，我幾乎要辭職了。如果真的那樣做的話，我永遠也不會知道，在我盡了全力之後，我能做到多好。我可能會在另一間二流的公司裡，每年賺個三萬五或是四萬美金的薪水。而在那之後在我面前所開展的大好機會，也可能永無實現之日。

我可能永遠也不會寫出這本書，而是在別人的書中，去尋找成功的秘訣。

永遠不要以成功為標的啊！

沒有數字的目標

對我來說，不要以成功為標的，其實代表著幾個不同的策略。首先，應用在你的工作上，這表示了你最終極的目標，應該是沒有數字的。你的最終目標、短期目標、中其目標以及長期目標，在基本上應該都是一樣的：你只是要看看，如果你盡了全力的話，你能表現地多好；在每一天、每一週、每一個月裡、在每一個情況中，去運用你可以支使的每一份才能。而在每一天、每一週、每一個月、每一次重要的交會之後，你對自己做重新的評估，好調整你的步伐。

所以當你在遙遙領先的時候，你不會因此鬆懈，而當你落後許多的時候，你也不會因此放棄。

「在大學時代，我只是一個中等程度的學生。」一個成功的資深主管這樣說：「直到有一個學期，有幾個教授讓我感到很厭煩，於是我發憤圖強，立志要成為一個中上程度的學生。從那時開始，一旦我發現到自己的潛力之後，我竟然成為了頂尖的學生。同樣的，在做一個經理的時候，我常常只是做到中上程度而已。直到有一天，他們將本來我應得的一個職位交給另一個傢伙。那個人的才能根本遠遜於我。於是我決定要發憤圖強讓他們刮目相看。接著我成為了那個區域中的高級主管之一。但是在那之後，一旦我發現我可以做得到，我就真的成為了最高職位的主管。

他也經歷了我之前提到的時間現象。「我現在工作的時候更集中心力，」他說，「但是跨過了最初的學習曲線之後，我發現要達到最佳的結果，你其實花費的時間跟一個表現平平的傢伙差不多。」

我們都知道我們可以成就更多。我們都知道我們可以做的更好，但是我們總是會把目標訂的太低。「我們的潛力比我們對自己的認知要多出許多。」寇特漢恩（Kurt Hahn），也就是「外在表現機構」的創辦人，他曾說：「如果我們能看到這樣的潛力，也許在我們的下半輩子裡，我們就不會再把目標訂得那麼低了。」

小祕方：偉大的領導者，能夠讓下屬發掘他們自身所未察覺的潛力。這樣一來，他們就會有更高遠的目標。

偉大的領導者也要能幫助部下去克服對於失敗的恐懼、克服對於全力以赴的恐懼。因為若他們有這樣的恐懼，他們就無法全力以赴，因為他們會害怕到頭來，他們的老闆，也就是你，他們的同事以及他們自己會發現，他們並沒有自己所相信的那種潛力。

小祕方：如果你無法先克服你對於失敗的恐懼，你也就無法幫助你的部下克服這樣的恐懼。如果你害怕失敗，你的部下當然也會對此戒慎戒懼。

過度樂觀的積極思考者會告訴你，你可以做到任何你想做的事情，他們會告訴你，你的潛力是無窮無盡的。這也許有效，直到你一頭撞上這些限制，撞到鼻青臉腫、玉石俱焚。

你的能力是有限制的。我也是有限制的。我們都是人類，我們都有限制、我們也都可能失敗。這就是現實。雖然總是有一大堆陳腔濫調在跟我們說著相反的話。

我也有一些陳腔濫調可以說給你聽聽：你可以做到比你想像中還要好。你是有限制的，但是這些是可以延展的限制。而向這些限制衝刺，則能夠成為未來拓展這些限制的練習。你可能從來沒有將你的潛力推展到其真正的極限。在大多數的時候裡，我們常常是畫地自限，而不是被現實所強加的限制給羈絆住。

我不知道你的潛力在哪裡。你自己可能也不知道。也許該是你試圖找出你自身限制的時候了。除了那些白天的電視節目之外，潛能可能是這個星球上最沒有用的東西了——如果它只停留在潛能的階段的話。

不管你用的是哪一個標準，這個國家所製造出來最成功的人當推班傑民法蘭克林（**Benjamin Franklin，1706-90**）。每一天晚上當他睡覺之前，不只是那些他獨眠的少數夜晚（因為他在這方面也非常成功），法蘭克林會審視他的一天。他會對他做出的每件事情做出評估，並且試著找出改善的辦法。身為一個哲學家、科學家、發明家、外交官、革命家、出版家以及內閣官員，法蘭克林最糟糕的一天，可能都還強過我們最成功的一天。因為成功對於小班來說，是不夠的。「成功，」他說：「可毀了不少人。」

真正的成功，不管在任何一個領域裡，都不是以成功為目標的。

爲你的潛能衝刺

決不要以成功為標的，通常是將水加滿的絕佳途徑。如果你得不到你人生中想要的肯定、尊敬、或是成就、或是薪資，試著用你自己的努力來將水加滿吧：向你潛能的極限衝刺，然後看一看你能夠得到怎樣的結果。

你的努力是不是不夠，而讓你覺得對公司有所虧欠呢？

如果是這樣，那真是不幸。

你的努力是不是不夠，而讓你覺得對自己有所虧欠呢？

如果是這樣，那就是悲劇了。

你會失敗嗎?當然會。這也就挑戰所在。也是樂趣之所繫。你可以從中得到成長與機會。你為什麼要去玩一場你知道永遠不會輸的遊戲呢?但是有些天資較低的人，卻能達到那個你每天都想要達到的目標。而有些天資較高的人，卻整天無所事事、看著生命在他們的手中流逝，只會等待機會、卻不主動去追求機會。

有一個成功的執行長，在同意接管一個來自完全不同領域的新企業之後，他打了通電話給一個朋友。「我接受這份工作，是因為這份工作完全超出了我對自己的想像。」他說：「你可別跟別人說，我現在真是嚇呆了。當然，信心是很重要的。但是不管我們看起來如何有信心，我想沒有人在面對一個未知的情況時，能夠完全地有自信。這就是挑戰了、也就是恐懼的來源。但這也是樂趣所在。至少這會是一趟有趣的旅程。我一定不會感到無聊的。」

當安潔莉亞容格（Andrea Jung）成為第一位接管雅芳的女性，也就是財富雜誌前五百大企業中第四位女性老闆時，她談到了自己的感受：「我是不是很興奮，甚至有一點緊張呢？絕對是的。而我認為這是一種好的感覺嗎？沒錯！」

工作猝死症

日本人對於過度工作而死亡，有一個特別的名詞：工作猝死症。最近的研究報告指出，日本有百分之四十的員工，都害怕他們會真的因為過度工作而死亡。

Karoshi對我來說，並不是一種成功概念。不要以成功為標的，並不是要你成為一個工作狂。這樣一種過於單純的想法，只會可能讓你病倒，而無法達到頂尖的成就。決不要以成功為標的只是表示，在你追求某一項目標的時候，你在這項目標所分配到的時間中，發揮你最大的努力。而且不管出現了怎麼樣誘惑人的理由、藉口和外在事件，你都不會因此分心而忘了要全力衝刺。

小祕方1：專注，是一句好的流行話。但是多元任務則是一句壞的流行話。電能能從事多元的任務，但是通常速度會因此減低。當人們這樣做的時候，常常就不是所謂的多元任務了。通常會變成那句老話：一根蠟燭兩頭燒。

小祕方2：在工作時間裡，專心工作。

3：在非工作的時間裡，專心做別的事。

很顯然地，在今日的現實生活中，常常會有些你不想工作的時候，你還是得要工作。大致說來，如果你無法找到一種方式，讓你對你的工作時間感到滿意的話，你就無法將杯中的水加滿。在對工作時間滿意之後，你才能試著讓這些時間盡量具有生產效益。

「如果我跟別人一樣，花那麼多的時間在工作上的話，」史蒂芬懷特〔Stephen Wright，譯註：喜劇演員〕曾說：「那麼我的成就便會跟他們一樣少。」這句話不無道理。

幸運的是，在今日的社會裡，我們終於開始了解到，長期的過度工作，並不是一種光榮的象徵，而是一種訊號，暗示著有什麼地方出了問題了。

小祕方1：如果你的生命裡沒有其他值得炫耀的事情，那就去找一件事情來炫耀吧。

2：如果你發現自己在對你的工作量驕傲地炫耀時，你可能眞的超時工作了。

3：聰明的人不會炫耀自己過量的工作。他們會抱怨過量的工作。

「在這間辦公室裡，努力工作一直是一個成功的標準。」艾力哈區巧德（Alie Hochchild），也是《時間的束縛》（The Time Bind）一書的作者這樣說道：「現在我們已經將這個標準內化了。所以老闆根本不用催促我們加班，我們自動就會加班。」

當一個經理越能幹的時候，他花在工作上的時間就越少。一個好的員工能夠保持她身心的健康，並且在工作時間內，會盡可能有效率的工作。一間精明的公司，能夠珍惜他們的員工，不會去剝削他們或是其他的資產。

然而，在做顧問諮詢的時候，我常聽到有人說：「在這裡啊，你如果不在早上很早的時候、晚上很晚的時候、或是週末的時候出現，你就會被認為對工作不夠投入。我看過許多低階的經理，躲在他們小小的辦公角落，裝做很忙的樣子，因為不想在老闆下班之前先走。不管那時候已經多晚了、也不管他們完成的工作量有多麼少。如果他們先走的話，隔天他們的老闆或是同事就有話說了。

我記得有一個主管，每天晚上都會讓大家知道他帶了多少的工作回家。有時候，他甚至要分兩次才能將這些公文搬到車子上。在我認識他之後，他承認他從來沒有在家工作過。他只是在晚上把它搬回家，然後隔天再搬回來。

「你可別笑，」他說，並一邊拍拍那個晚上要帶回去的公文。「大家都認為我是這個辦公室裡最認真的人之一。而我的老闆也比較容易聽信大家的傳聞，而不相信真的結果。這是千真萬確的。」

活動力與生產力

我們有些人常常會忘記，工作應該是要越有效率越好。我一直都比較傾向讓結果自己說話，並且以屬下所達成的成績來作為評估的標準。當我是個員工的時候，我希望能將份內的事情做到最好，而不是將時間浪費在擔心別人對我的印象上頭。這會佔掉我太多的精力，而這些精力可以幫助提昇我的生產力。

在推銷這一行，活動力與生產力是永遠不會被混淆的。不管某人花了多少時間，不管他看起來多麼努力工作，只有結果才是唯一重要的衡量標準。

小祕方：在商場上，只有結果才是唯一重要的衡量標準。

在許多人都還是炫耀著他們長時間的工作時，令人振奮的好消息是，我們開始聽到一些主管在炫耀著，由於他們的才幹出眾，所以他們得以在工作都完成的時候，準時地下班，並且有家庭生活的時間，然後放輕鬆，好為另一個有效率的一天做準備。

小祕方：永遠不要讓你的公司、你的老闆、你的老闆的老闆、或是任何其他的人，讓你對你不是工作狂這件事有罪惡感。

工作狂都是那些有問題的人。如果你不是做愛狂的話，你會有罪惡感嗎？如果你不愛吃巧克力的話，你會有罪惡感嗎？如果你不想一輩子都將時間花在打高爾夫球、遊手好閒、閱讀或是看電視上，你會有罪惡感嗎？如果你沒有酒癮或是煙癮的話，你會有罪惡感嗎？那麼如果你的生活裡有太多的面向，所以你根本不想把整個生命都浪費在工作上的話，那你為什麼又要覺得有罪惡感呢？

芭芭拉高爾斯基（**Barbara Gorski**，譯註：聖湯瑪斯大學的教授）自承是一個工作狂，而她的博士論文，主題就是工作狂。「我藉著工作來處理自我評價的問題，藉著工作在我的生命中找尋意義。」她這樣寫道。如果你是這樣的人，如果這樣能使你快樂，也沒有什麼不好。但是全國有至少六十家針對工作狂的匿名機構，他們研究都在顯示著，有些人也許有時候會想要回家看看另一半或是他們的小孩。

作家泰德詹努茲（**Ted Janusz**，譯註：亦是美國媒體大亨）相信，有時候我們專注工作的原因，是因為要忽略那些在我們生命中本來應該更為重要的事情，因為「工作可以被量化，而生命中其他的部分通常則無法被量化。」在工作中，我們知道我們得達成一定的目標，而我們也知道這些目標為何：業績的評量都是很直接的、而你也能很快地得到回饋與報償。「所以當你要在小孩的學校話劇表演、與加班完成一份可能可以決定你升遷與否的報告時，你會選擇哪一項呢？」

那一項是真正的、最佳的時間運用方式呢？

決不要以成功為標的也代表著，不要以純粹的物質上的成功來作為目標。班傑民法蘭克福也許是第一個指出這個道理的人：生命中持久的成功是無法被估價的。

我們都知道快樂是金錢買不到的。每一位大師以及每一個宗教都如此告訴我們，通常就在他們將奉獻箱傳到我們手上之前。但是我們還是都不斷地在往這個方向邁進。當然想要獲得經濟上的安全感，絕對不是一件錯事。但是這就是你所要的全部嗎？

「安全感幾乎變成了一個迷信。這基本上是不存在的……生命要不是一場刺激的冒險，要不就是什麼也不是。」

這一句話說得太好了。是海倫凱勒說的。但是我想你大概不需要經歷她所經歷的一切，來了解到生命是一場刺激的冒險。海倫凱勒的經歷，應該不是一項優勢才對。

最近的研究顯示，那些以榮華富貴來作為最後目標的人，通常要比一般人面對更多的焦慮、沮喪，會有更多的行為上的問題，甚至更多生理上的問題。羅徹斯特大學心理學教授，理查萊恩博士（Dr. Richard Ryan），將此稱為「美國夢的黑暗面」，他認為我們的文化似乎是建立在對我們的心理健康十分不利的特質之上，「我們越試圖在物質上尋找滿足感，我們就越會找不到。」萊恩如是說。而當我們真的找到了，這樣的滿足感也會一閃即逝。

泰德透納（Ted Turner）的父親，一生的主要目標就是要成為百萬富翁，而他最後也達到了。但是他卻覺得生命中再也沒有別的事情好做。透納相信，這至少是他在五十三歲自殺的原因之一。

問題當然不是在於榮華富貴。有錢本身並沒有錯。我可沒說過它有錯。

首先，我自己就很想要有錢。

其次，如果我真的那樣說的話，也沒有人會把這話聽進去。不管是好是壞、還是怎樣，我們今天所身處的世界，已經不流行聖經所說的那一套：要將一隻駱駝塞進針眼裡，要比讓富人進入天堂容易得多了。我不知道這是不是一種不好的演進。我從來不覺得貧窮本身有什麼值得驕傲的。反正我的工作是要幫助人們得到他們想要的，而不是試圖要說服他們去對我認為值得的東西產生渴望。

然而，就我而言，榮華富貴本身並不是問題。我甚至希望整個世界都有享不盡的榮華富貴。問題在於，就像是萊恩博士說的：「活在以財富為中心的生活裡。」

有人曾經說，人生就像是赤足玩著一場拋球的戲法。在空中有五個球：工作、家庭、健康、朋友、以及精神生活。工作是一個橡皮球，如果這個球掉在地上的話，它會自己彈回來（我想這個傢伙大概沒有在我以前上班的地方工作過，但是你知道他的意思吧。）另外四顆是玻璃做的，如果讓它們掉在地上的話，你可能一輩子就要在滿是碎玻璃的地上行走了。而且你也別想再要活蹦亂跳了。

小祕方：如果你無法在人生的其他面向裡找到滿足的話，你可能對你的工作所能提供的報酬，要求地太多了點。

第十七章　去享受

現在我們要來談一談性。

這句話通常能引發大家的興趣。在任何一個推銷的情況中，這都是一個不錯的起跑點。而我將要向你推銷一個概念。這是本書中最簡單、也是最不言可喻的概念。我甚至根本不需要去推銷，但是這個概念確似乎是最難推銷出去的。究竟是什麼呢？

那就是——去享受。

這其實是別以成功為目標的一個部分。但是如果你喜歡的話，也可以把它當成是一個額外的策略：也就是十大將水加滿策略的第十一項。

為了要向你推銷這個概念，我將要來談一談性。至少我要談的是一點點的性以及很多的推銷之道。這可能是因為比起性愛的知識，我對於推銷要在行地多了。

我跟推銷員講的第一見識，也是我跟推銷員講的最重要的一件事，就是推銷就像是性一樣。如果你無法從中獲得樂趣、那你做的方式就不對了。反之亦然：如果你的方式不對，你可能也就無法從中獲得樂趣。

我想這運用在你的工作、你的職業、以及你的人生上頭，也都是一樣的道理。

試著從工作裡獲得樂趣吧。在我每天早上開始工作之前，我告訴自己的最後一件事就是：「盡情去享受吧！」如果你已經讀到這裡，你會發現我寫書不僅是為了娛樂你、也是為了娛樂我自己。盡情去享受是將水加滿的最佳方式之一。如果你無法享受你的工作的話，那麼你所擁有的就是一個有破洞的杯子，你會很難將水加滿。如此一來，你就得需要在人生中找另一件事情來做才行了。

別等到老了才做愛。別等到老了才去享受、去享受樂趣、享受幸福。請把握每一次享受的機會。

笑一笑

當你在做一份報告、或是在開會，而沒有一件事情是順利的時候，當你結結巴巴說不出話來、當你找不到你需要引用的數字、或是你找到的是錯誤的數字時，你會怎麼辦？試著笑一笑吧。試著拿這件事來開玩笑、試著自我解嘲。它能表現出你的自信。它表示你對於事情出了岔也很驚訝。它能讓一個可能性的問題，轉變成樂趣、成為對方的娛樂。

幽默感是很好的銷售利器。在一個針對協調中的幽默感的研究中，如果買方微笑地提出了最後一個價錢、並且幽默地說道：「好啦，我最後提供的數目是多少多少錢，而且你可以把我的寵物青蛙也一併帶走。」這樣他們以較低價位買進的可能性就會提高不少。而如果賣方能大聲地笑出來，則甚至更有可能把價位壓得更低。想像一下如果這個笑話真的是有趣的呢？

推銷員利用幽默來得到注意、建立關係、化解抵抗、並且讓他的觀點更容易為人所記住：也就是讓別人傾聽以及享受傾聽的過程。專業的講師亦然。那句古老的諺語說得很對：當你有幽默感的時候，你就不用大吼大叫了。當然囉，你要確定這個幽默感是合宜的。並且要小心地使用。如果你太快地就表現出跟別人很熟的樣子，有些人也許會因此有防備心。

「如果你想要靜悄悄地統治世界，」愛默森說道：「那你必須要持續地娛樂它。」同樣的方法也適用於辦公室中。在《輕輕一點》〔The Light Touch〕一書中，麥肯庫須那〔Malcolm L. Kushner〕寫道：幽默「如果運用得當的話，可以化解緊張、增進關係、振奮士氣。在今天如此競爭的環境中，幽默可以讓你更勝一籌。」

商場就像性愛一樣，痛苦是不必要的。

庫須那說了一個故事。一個叫做愛黛麗羅勃茲的警官，被呼叫去處理一個夫妻吵架的突發狀況。當她接近那棟房子的時候，一架電視從窗戶飛出去。她用力地敲門好讓裡頭正在大吼的人聽見。

「是誰？」一個憤怒的男性聲音吼著。

「電視修理員。」羅勃茲回答道。

裡頭的男子忍不住笑出來，並且將門打開。她如果說自己是警察的話，可能就得不到這樣的回應了。

在今天的工作環境當中，幽默在化解憤怒、消除抵抗的效用上，顯得特別地重要。在一份報告當中，百分之四十九的受訪者說，通常他們在工作的時候，多少都會有一點憤怒。而百分之五十九的人則說，他們通常都很憤怒。

我有認識一些推銷員，曾經被槍抵在頭上過。有些人當然是活該。但是這種對推銷員的抵制行動，也未免太徹底了一點。

小祕方1：人們是不可能一邊大笑、而又一邊對你開槍的。

2：當事過境遷，人們已忘記了你說過什麼話的時候。他們還會記得的是，他們對你說話時的感覺。

當主管以及經理階級要讓他們跟屬下平起平坐的時候，自我解嘲是一種不錯的方式。這表示說他們也能開玩笑、偶爾也會將兩隻腳塞進同一隻褲管裡。

當大家對於甘迺迪家族的財產議論紛紛的時候，傑克甘迺迪的拆解之道是告訴大家，他剛接到一封父親拍來的電報：「親愛的傑克，」他念道：「如果不需要，就不要再多買一張選票了。我是不可能再為另一次選舉的勝利花錢啦。」

一個新的主管在被擢昇之後，其老闆強迫他張貼一份告示，上面寫滿了許多新的規定，這根本讓他很難做人。他最後還是把告示貼了出來，但是在底下他的署名是：「領導人希特勒」。他的老闆將之從牆上撕了下來，因為此舉「不恰當」。也許吧，但是到了那個時候，大家都已經看過了。

「我們讀了那些規則，」一位員工這樣說：「我們了解到這位領導人想要強迫我們。我們知道有一個鐵拳就在那裡等著我們。而我們很感激他將這個鐵拳用一只絲絨手套包住，然後拿它來嘲弄自己一番。如果他不這樣做，情況就會變成是一個新的傢伙闖進來，然後到處放炮。」

另一位中階主管，有一個看起來脾氣不太好的洋娃娃，洋娃娃裡頭放了一捲他錄好的錄音帶，說著：「請移動你的尊臀、回到工作崗位上，不要再浪費公司的時間了。」當這位經理認為需要的時候，這個洋娃娃就會將訊息傳遞出去。大家都聽懂這個暗示，也沒有人會覺得不爽。

就像是幽默專家庫須那所說的：「學著嚴肅地對待你的工作，但不要太過嚴肅地對待你自己。不管你的工作或是主題多麼地嚴肅，自我解嘲一下是無妨的。」然而，自我嘲弄可別太過頭了。你並不希望自己最後變成一個神經兮兮的卡通人物吧。我曾經有一位老闆，總是不斷地取笑自己。大家都喜歡他，卻幾乎沒有人尊敬他。

顯而易見地，笑一笑甚至能讓你更健康：解除壓力、刺激免疫系統、加快復原的速度、減輕痛苦、提高警覺性，並且增進記憶力。根據研究者的說法，這甚至是一種運動。笑個一百下，就等於在划船機器上划個十分鐘一樣。而且笑一笑也不會讓你的屁股磨出水泡，起碼通常不會。

在印度，笑的大師卡塔利亞博士夫人（Dr. Madam Kataria）有一個工作坊，讓人們聚在一起，什麼也不做，就只是在笑。也不說笑話，就只是笑、以及做“笑的運動”之類的事情。我猜這位博士還跟他們收費吧！

實際的性

大家都說美德本身就是最好的獎勵（也許吧）。但是享受樂趣本身絕對是最好的獎勵。而且它還能讓你在商場上獲利、在管理上致勝。你要做的生意應該是長長久久的。如果對於你自己以及你的部下來說，你能讓過程比終點來得更令人享受，那麼你們的旅程也會更愉快。如果旅程本身越艱困，那麼目的地就得要更加倍地吸引人，才能說服眾人參與這趟旅行。而且，當你們終於抵達目的地的時候，如果沒有夠好的目標，大家也會更容易感到失望。

做生意就像是做愛一樣。而做愛是整個宇宙中最實際的東西——整個過程都充滿了樂趣。

去享受吧，去享受樂趣。我知道我們在談的是工作，而且你拿薪水的理由也不是因為這是輕鬆的差事。但是這不代表你就無法從中找到樂趣。辛巴威的商業大師曾說：「如果你可以走路的話，你就能跳舞。如果你能說話的話，你就能唱歌。」

跳舞吧！唱歌吧！

當然你會急著想要達到長期的目標。但是如果你不能珍惜現在所擁有的東西，你怎麼能確定你會珍惜你努力之後所得到的、尚不明確的結果呢？不要等到老了才來做愛啊。

致力於讓你的工作更有樂趣吧。

想像一下，如果你的工作能和你最大的嗜好一樣，帶給你相同的樂趣的話，你的人生將會如何的美妙啊。想像一下，如果你能夠幫助你的下屬擁有同樣的樂趣，如果你能在工作上激發起他們人生中最大的熱情，他們又會有怎樣驚人的成就呢？

你能夠做到嗎？也許不行。這裡可不是綠野仙蹤，這裡是地球。從死豬的身上拔毛跟去除肥油，這樣的工作能有什麼樂趣呢？但是你越能接近這樣的理想目標，即使只是一小步、兩小步，都能對你、對你的下屬、你的公司，帶來更多的利益。

說服大象

如果你要試著讓你的下屬更能享受工作的樂趣，請小心不要將你自己對於樂趣的概念強加在他們身上。有一個主管在大家都要節食減肥的時候，在辦公室裡到處放著糖果盤。

她在辦公室裡播放著錄音帶，但是大家都不喜歡她所選的音樂。然後她決定在辦公室裡貼滿標語，卻堅稱大家都要暢所欲言。這些可能至少對某個人來說是有趣的。上一回我到那裡去的時候，主要入口處還昂然地懸掛著她深具啟發性的標語：「慢慢地說服大象，而用力地向長頸鹿推銷吧！」

你可能不會覺得這很有啟發性，你甚至還覺得有點困惑，如果你沒想到這句話是要針對古老的哲學問題提出解答：「面對一隻有三個球的大象，你要拿牠怎麼辦？」

你應該要慢慢地說服大象，而用力地向長頸鹿推銷。相信這對大家來說都深具啟發性吧！

更多的林肯

我們已經談過林肯在當選總統前後的遭遇：政治的挫敗、一連串人生的打擊、以及獨立戰爭。他還遭受過喪子、喪妻之痛。然而雖然經歷過這一切，林肯的結論是，如果人們決定要快樂起來，他們就能辦得到。

小祕方：下定決心讓自己快樂起來、去享受樂趣吧。看一看這樣做會怎麼樣。

顯然地，要為你的人生增添情趣、變得更快樂的方法有無限多種。唯一的問題在於，為什麼大部分的人卻不去運用這些方法呢？你比我更清楚，要做些什麼才能讓你的人生更有情趣。然而以下有一些策略，是與我共事過的人們覺得特別有效的。

策略：你可能已經聽過千百遍了，但是讓我再說一遍。去培養你與家人及朋友之間的關係吧。詹姆士希純（James M. Citrin），也是《跟頂尖人物學習》（Lessons from the Top）一書的作者，他曾說：「真正的成功並不是要在事業與家庭中做出抉擇。相反的，在健全的家庭關係與成功的個人成就之間，存在著因果的關係。」而在商場上或是個人生活中的友誼，並不會自己發生，你得去細心培養才行。

心理學家說，如果你想要追求幸福的話，關懷與關愛的情誼應該是你的優先考量之一。我想這表示，金錢應該在於其次。健全的關係也能加強你處世的彈性：讓你更能面對逆境的考驗。雖然在這個社會中，這個概念不太為人所接受。因為大多數的人都相信著自力更生、白手起家（原文為 pulling himself up by his bootstraps，原意為拉著鞋帶站起來，引申為自力更生的意思）的神話。

小祕方：站起來，試著一邊拉你的鞋帶、一邊站起來，看這樣子你能走多遠。這就好像拉著你自己鼻子、而想把自己提起來一樣。

那些歡迎家人到公司來的執行長，是試圖要做到言行合一的老闆。他們不只是想要挽救自己的家庭而已。凡斯布朗〔Vance Brown〕，也是金礦軟體公司的執行長曾說：「我將這稱之為「平衡效益」。因為員工是我們最大的資產，我們需要員工能擁有平衡的生活。這樣做不為別的，就是要保障我們的資產而已。但是你不能光說不練，員工是一眼就可以看穿你的把戲的。你得要以身作則。」

當凡斯跟我在聊天的時候，他兩歲大的小孩正在辦公室的白板上畫畫。當小男孩發現他的畫會被印出來的時候，他真是開心地不得了。尤其在幾分鐘之後他和爸爸就能帶著這張圖回家。

麥可古德奇〔Mike Goodrich〕，是一家工程建設公司的執行長。有一回他和顧客開會開到太晚。那天是復活節，而古德奇答應要跟他的小孩去玩「不給糖就搗蛋」的遊戲。於是他就先一步離開了。這對想要在家庭與工作生活中取得平衡的員工，不啻為一個很好的示範。

策略1：當你得出差的時候，你不一定總是要獨自出差的。你也許可以在某個商務旅行中帶著另一半甚至全家大小一起去。每年都有將近兩千五百萬的商務旅行是帶著小孩子的。當你在工作的時候，另一半跟小孩可以去觀光，這樣對家人來說也算是一趟小小的旅行。也許這也可以消耗一下你累積的飛行里程數。而且如果你週末還留下來的話，也能為公司省一筆錢。

策略2：即使對方不是顧客而只是陌生人，也要把他當成是人來對待，即使只是在電話上或是電子郵件上認識的而已。比起沒有面目的機器人，面對有血有肉的人要來的有趣多了。你會驚訝地發現，這樣做能讓你從對方身上得到立即的回饋，而你所建立的這個關係最終也能在商場上助你一臂之力。你會更驚訝的是，這對你的人生也將大有助益。

策略3：推銷員是以結果為準、而不是以時間為衡量的尺度。如果你一直看錶的話，時間就會變得很漫長、而你也無法做出什麼事來。在另一方面，你也知道當你要在十份有限的時間裡、完成一個目標時，時間總是咻一下地就過去了。不管這個任務有多艱難，亦是如此。想一想參加大學考試的情形，本來你是有時間的，但是一下子你就會發現時間已所剩無幾，但是你卻還有許多題目要做。

時間的確是所剩無幾。而你的確有目標要完成。將心力專注在你企圖要達成的目標上，並且把握每一分每一秒。

策略1：在工作的日子裡不妨款待一下自己，小小地離開一下例行公事，即使只是看場電影也好。如果你一直在期待週末的來臨，當週末真的來臨時，通常都不會有太美好的事情發生以符合你的期待。這樣一來你就很容易在星期天晚上感到憂鬱，並且在星期一早晨想要自殺了。

策略2：如果你一天到晚都在為某件你沒有做的事情感到遺憾，那麼捫心自問，是不是真的太遲了呢？如果那是因為在二十年前，你沒有在高中時，做到啦啦隊的隊長或是當成學校的風雲人物，那麼這個答案可能是「對，太遲了點。」但是有其他的許多事情，你可能認為太遲了、或是自己太老了。但是事實並不然，而且你也知道事情並不然。尤其如果你真的想去做的話。如果不是現在，那更待何時？

永遠不去做嗎？很好，但這是你自己的決定。就像是你之前做的、而現在後悔的那個決定一樣。

想像一下你比今天的自己老上二十歲、或是老上十歲。你會對什麼現在沒做的事情感到悔恨嗎？到了那個時候，你會付出多少的代價，來換取現在這個沒有去使用的機會呢？

你已經知道的事情

策略：多做運動。

在工作的時候，你會有更多的精力並且效率更加，而在每一天結束的時候，你也會覺得更清爽。要做規律的運動，至少一個禮拜三次，而你的身體也會發出渴望的訊號，告訴你運動的時候到了。你甚至會發現自己在期待著運動的時刻來臨。盡量避免在一開始就過度地運動。如果你真的沒辦法做運動，散散步也好。你會感覺到體內的壓力慢慢地消失。

在威斯康辛大學裡，有一份研究顯示，罹患憂鬱症的人，如果有在慢跑的話，會比那些只是去看精神醫師的人復原地更快。當然我也聽過其他的研究顯示出，如果對於心理疾病置之不理的話，跟做精神治療一樣地有效。根據《完全慢跑手冊》﹝The Complete Book of Running﹞一書的作者吉姆菲克斯﹝Jim Fixx﹞指出，一間前蘇聯的工廠，因為讓全體員工都參予了一項慢跑計畫，其每年的病假天數，就從四百三十六天減低到四十二天。﹝沒錯，慢跑者吉姆菲克斯後來的確得了心臟病。在做運動規畫的時候，我想在閱讀這些自我諮詢手冊之前，我會先諮詢醫生的意見。﹞

你的身體是需要運動的，就像它需要食物與水一樣，就好像是你的大腦需要刺激一樣。如果你不提供它基本的需求，如果你沒有好好地去保持它，你就無法保持良好的狀態。而如果你無法保持良好的狀態，你就無法達到可能的快樂、或是發揮潛在的生產力。

鞋子博物館與童子軍

策略1：多做心靈的運動。不斷地學習，學習你有興趣的事物。在一些你認為沒有興趣、或是無法吸收的事情，隨手撿拾一些小資訊。去閱讀吧。不管我平時讀的是什麼別的東西，每個月我都會在斯密生（Smithsonian）博物館雜誌裡，找一篇文章來閱讀。因為這能像百科全書一樣，讓我探索不同的主題。有一些文章就好像在鞋子博物館裡待了一個下午那樣的沉悶。有些十分有趣，而絕大多數的文章，就像那篇敘述鞋子博物館的文章一樣，其內容遠超過你的想像。

策略2：還記得童子軍日行一善的守則嗎？試試看吧，試著在某人的生命裡，每天都注入一點誠摯的讚美或是鼓勵。這樣的小改變會讓你感覺更好。這起碼比光坐著想說現在的人看起來多麼地粗魯又不體貼要好太多了。不是每個人都不體貼的，你就不是啊，起碼你不會永遠都不體貼的。

策略1：如果你的工作讓你無法從事你所喜愛的活動，試著至少在每個禮拜從事其中的一項活動。或者將這些你想要做而沒有機會做的事情，列出一張清單。然後開始想辦法去執行。

策略2：想辦法取得更多的休閒時間。

王先生的選擇

越來越多的人都決定，那個放在老鼠籠裡的乳酪實在不值得他們去忍受這一場老鼠的競爭。王亞勃〔Albert Wong〕離開了他參與創辦的AST研究公司，拋下了一場紛亂的企業運作，也放棄了一個數十億美金的事業。他放了自己一年的假，將時間花在陪小孩以及煮飯上頭。他今天所擁有的公司要小的多了，而他生活也因此壓力更少、更為美滿。

也許將水加滿對你來說，是將開銷減低，所以你可以做少一點的工作、或是找一份薪水較不優渥的工作，而享受更多的休閒生活。如同我在前一章所指出的，太多人的工作時間都不斷地在增加當中。《家庭與工作機構》〔Family and Work Institute〕最近的一份報告中顯示，在最近二十年內，全職的平均工作時間已經從一星期四十三點六小時增加到四十七點一個小時。那代表的是，我們每一年都額外地多工作了一個月呢！

有越來越多的人也在接更多的工作。假期和病假的時間都減少了。而有些假期根本就不是真的假期。有一個緊急救難隊在野外發現了一群受困的登山者。他們忘了攜帶足夠的食物和水，卻沒忘記要帶他們的筆記型電腦。

那永不休止的辦公室忙碌生活，也正在一步步入侵我們的家庭生活。就像是艾力哈區巧德在《時間的束縛》一書中所指出的一樣，每日行程表的設計涵蓋了一天二十四小時、一星期七天，將我們的生活以及我們小孩的生活都密密麻麻地填滿了起來，包括那些社會的婚喪喜慶、約會以及運動課程等等。放鬆的時間幾乎像是意外撿來的一樣。

而那甚至不再是放鬆與休息了，因為大家會認為這是「維修時間」，也就是說真正適當而有效地使用我們時間的方式只剩下工作。「維修時間」是針對機器的用語，其意涵為：有時候是必要的，但是越短越好，是那種任何有效率的操作都想要將之減低的對象。

有些社會學家對於所謂休閒時間的下降一笑置之，並且告訴我們，之所以我們會覺得時間不夠用，是因為我們在電視和網路漫遊上浪費了太多的時間。這可能沒錯。當然能夠把這些浪費的時間找回來是一件很好的事。但是你的經驗是怎樣的呢？你覺得你工作的時間增加了嗎？或是你覺得在做更多的工作、而且不斷地重複那則老掉牙的笑話：就業市場上有兩萬個新的就業機會，而你已經在從事其中的三個了？

你也許得想一想你的工作所為何來。以及如果簡化你的生活、降低你的開銷，你會不會更快樂一點。在《選擇平靜的生活》（Choose to Live Peacefully）一書中，蘇珊史密斯瓊斯博士（Susan Smith Jones）寫道，簡化你的人生可以讓你的身體保持活力。她說：「你不需要只是因為大家都不斷地加快腳步，你也就得跟著這樣做。」

就像梭羅所說：「最富有的人，他的愉悅是隨手可得的。」他在那個華爾騰池湖畔的小屋裡，似乎過了一段不賴的時光。雖然我記得，他在那裡只待了一年，而不是一輩子。

瑪莉哈平和他的先生喬克羅，之前曾在洛杉磯市中心裡經營一間攝影棚。每天都工作十個小時、一個星期工作六天。即使如此，由於生活的開銷過大，他們的經濟還是捉襟見肘。現在他們在家上班，一星期只工作四天，悠閒地享受他們的生活。

「人們常對我說，『你真是幸運。』」哈平這樣對SOHO族專家保羅愛德華與莎拉愛德華（Paul and Sarah Edwards）說。「但是這跟運氣一點關係也沒有，只是要衡量出你認為什麼是重要的、什麼能讓你快樂、什麼能帶給你心靈的平靜，然後就放慢你生活的腳步……好達到你所需要的改變。」

你想要將錢花在什麼事情上頭，那是你的事。但是也許你應該想一想，購買一件東西在你生命中所要花掉的時間。因為你所買的東西，花的不是金錢而已，那金錢是你使用自己的生命時間所換來的。根據《錢》雜誌指出，以平均的薪資來計算，在一九一六年，要買一台冰箱要花掉三千一百六十二個小時的工作時間，在今天，只要六十八的小時就行了。冰箱已經變的便宜太多了。而當然公立大學一年的學費，則從一九六六年的一百六十個小時，升到兩百六十個小時。而私立大學一年的學費，則從五百三十七個小時提高道一千兩百九十五個小時了。

策略：算一算你在一個小時的工作裡能淨賺多少。然後算一算那件新的上衣或是西裝要讓你工作幾個小時才能買到。如果你能從裡頭得到許多樂趣，很好。如果不是這樣的話，也許你寧可去擁有那幾個小時。而且也許你可以想辦法把那幾個小時要回來，也許就是現在、也許是幾年之後。感謝現在的複合利率計算方式，你所存下的一塊錢，而快地就比賺來的一快前還要多。《隔壁的百萬富翁》的致富秘訣是什麼呢？根據這書的作者的說法，是他的生活方式。並不是要你停止娛樂活動，而只是珍惜你所擁有的每一分金錢與時間。

在過去的五十年當中，家庭的人口數已經減低，但是新建房屋的規模卻提高了兩倍。可見大家的家裡一定都塞滿更多的東西。

小祕方：我們一直聽到，時間就是金錢。時間比金錢寶貴多了。「時間比白金還值錢，比日落更容易流逝。」我以前有一個教授總是這樣說。但是我們所花的錢，實際上說來，就是我們的時間。而這筆錢，就像是愛默森說的，通常都是很昂貴的。

在我們的社會裡，奢侈品很快就成為必需品，而渴望很快地就成為需求。我們教導著小孩不要過於物質主義，但是同時我們又教他們購物（也就是純粹的購物）是一種嗜好，一種休閒生活的追求。在最近的研究當中，百分之七十一的美國人認為在他們的生活中，電視是必需品，百分之四十的人認為微波爐是必需品，超過百分之二十五的人認為錄放影機、答錄機、電視遙控器、電腦以及基本的有限頻道都是必需品。這些人可不是在開玩笑的。我們越有錢，當然需求就相對地增多，也就會在必需品的名單中加上一長串的物品。舉例來說，那些年收入超過五萬美金的人，有百分之五十六相信如果沒有信用卡，他們就活不下去。

比這本書更好的自我諮詢手冊，可能是那本說出「要將一隻駱駝塞進針眼裡，比讓富人進入天堂要容易得多了」的書。當然，那書上也沒說這不可能。我們身處在一個極端富裕的國家裡，然而，可能有太多的人都將太多的時間花在，試圖將一些超大的駱駝塞進極小的針眼裡。

奧斯卡的得獎者羅德史德格（Rod Steiger）告訴某家雜誌說，對他而言，成功意味著能對他生命裡的時間有掌控權。「一個擁有一家店鋪的鞋匠，如果在某個早晨醒來對自己說：『我今天不上班。』那這個傢伙就是一個成功的人。」

感恩的態度

策略：每日不要只行一善。

班傑利冰淇淋公司（Ben & Jerry's Ice Cream）的執行長班柯恩，為了能在慈善機構服務以及追求藝術上的興趣，而離開了他一手創辦的事業。就像是許多其他的例子一樣，人際網路的專家婕可丹尼爾（Jacque Daniel）在閒暇之餘，也熱心公益。「我希望永遠能保持一種我所稱的『感恩的態度』，」她說，「幫助別人能幫我遠離自身的困擾，有時候當我抽身開來，那個問題就自己解決了。即使問題仍然存在，至少我能用比較好的情緒和態度來重新試一遍。」

非營利性的機構急需擁有商業技能的人手。而將此技能應用在這樣的方面，絕對能帶給你前所未有的滿足感。比歐休爾（Bill Shore）是「團結」（Share Our Strength）機構的創辦人，這個團體將商業的、營利的方法運用到公益活動中。對於休爾來說，幫助別人就是幫助你自己、以及建立一個更好的世界的最佳方法。而運用你的技能來幫助非營利團體製造財富，可能是幫助別人的最佳途徑。

「創造財富很有趣，」休爾說，「但是你可以一邊擁有這樣的樂趣，一邊又能滿足你想要回饋的需求。就是這麼簡單。」

有些非營利性的機構會提供服務性質的假期。你得到一個超級便宜的假期、一個旅行的機會，而在同時，也得到一個幫助別人、從事有意義的事情的契機。

住在大西洋城的派特巴卡，一直都想要參加聯合國的「和平機構」（Peace Corps）。她利用假期的時間投身於「全球公民組織」（Global Citizen Network），並且在肯亞協助成立一個健康中心。比爾謝普則利用假日從事山中小徑的鋪造與維修工程。然後他退休了，卻沒有從這個假日的計畫裡退休。其他的「度假者」則參與其他的人權組織或是考古學的工作。

還有一些人將水加滿的方式，是將聖餐杯斟滿。在今日，進入神學院而要成為神父、牧師的學生有一半都超過三十五歲。泰德史密特（Ted Schmitt）曾是環球影城家庭娛樂部的副總裁。有一回當景氣不好的時候，他開始重新思考他自身的長期目標。

「我不認為我可以不自私、不擔憂金錢以及其他的事情。但是這些東西都不重要。」他這樣跟《天堂雜誌》（Paradise）說道，「現在我一心想要做的，就是成為一個好的神父。」

在同一篇文章裡，我們也看到大衛米勒的故事。米勒寫信給五百個他在商場中認識的熟人，解釋何以他會離開銀行界，而到普林斯頓神學院去研究宗教。他以為他大概會得到一些回信。而其實他收到了超過兩百封的信，每一封都給予他正面的肯定。除此之外，他還說：「那些感覺在受苦的人數真令我驚訝。這樣一來我更對於這個決定堅信不移了。」

其他的人則將他們的宗教、或至少他們的精神信仰帶進職場當中。根據一項最近的調查指出，當員工在一間他們認為有精神性的機構裡服務的時候，他們會覺得比較不那麼地恐懼、也比較不需要為他們的價值觀做出妥協，並且更容易專心投入他們的工作之中。有些受訪者則相信，工作中若包含了精神性，會是一項十分有利的優勢。其他人則認為，只要不是去推銷某一個宗教，工作裡的精神性會很有利。

很顯然的，這就是問題所在了。我記得聽過有一個企業的副總裁在試圖提昇員工的銷售力時，拿出了聖經來。結果是教徒以及非教徒都對此大為抱怨。

《商業周刊》報導，自從一九九二年以來，在宗教歧視上的申訴案件，已經增加了二十九個百分點。企業越接受宗教性的集會、讀書會、或是宗教演說，他們就越容易有抱怨與衝突。

而就像是商業周刊所指出的，如果遇到「清潔人員堅稱他是救世主彌賽亞，而行政助理老是跪在別人的辦公桌外念念有詞地禱告、或是一個男巫師堅持要在復活節放假的話」你要怎麼辦呢？

有一位女士曾控告她的警長上司，因為根據她的說法，這位上司相信他是上帝的使者，要來盡可能地拯救被詛咒的人類。她說，他不同意她與另一位女室友同住一個屋簷下，並且指控她與男性一起看色情錄影帶、與家人發生性關係、並且殘殺動物以作為撒旦的祭品。她說，他還告訴她，如果她再不端正她的行為的話，她還不如殺了自己算了。這位警長否認了這些指控。而這位女士則以十萬美金獲得勝訴。

休閒科學的學會

策略：享受你所擁有的休閒時間裡的每一分鐘。

你知道有一個組織叫做「休閒科學學會」（The Academy of Leisure Sciences）嗎？（不不不，他們的集會並不是在保齡球館裡舉行的。）根據這個學會的說法，我們已經失去了利用休閒時間的技能。我們花了太多的時間在被動的娛樂上——電視、錄影帶、電影，這些可以帶來立即滿足、卻無法提供挑戰的活動。

「你甚至可以說，缺乏刺激會引起焦慮。」傑佛瑞葛拜博士（Geoffrey Godbey），也是賓州州立大學休閒研究的教授如是說。當我在最近的一個座談會裡，談到葛拜博士的論點時，有些人甚至想知道，在賓州州立大學的休閒科學裡有沒有設立主席，而這位主席是不是那種最懶散的傢伙。先讓我們把低級的笑話放一邊，研究指出，需要更高體能、消耗更高智慧的活動，能夠產生更多的滿足感。這表示，你在下班回家之後，可能唯一想做的就是盯著電視看，但是如果你能陪小孩玩一玩、或是學學低音管、或是搭火車軌道的模型，你可能可以得到更多。

平均來說，每一個美國人都將三分之一的休閒時間花在看電視上。社交活動以及閱讀雖名列二、三，但是百分比卻低很多。同樣的一批受訪者則表示，他們也想要多跟朋友見見面、或是多讀一點書，但是他們就是抽不出空來。

有一個理論甚至指出，我們傾向於將最愛看的電視節目中的角色，當成我們的朋友。而這些「朋友們」大多數都太快樂、太有錢，而增加了我們對自己的生活不滿足感。我不太確定如果觀看那些描述貧窮、不快樂的人們的電視節目，會不會讓我們感覺好一點。但是這可以解釋為什麼《今夜開講》（Jerry Springer Show）之類的節目，收視率如此之高的原因。

很有趣的是，研究報告也顯示，一個人看電視的時間越長，他越無法享受看電視的過程，卻越難將電視機關掉。

策略：運用你的休閒時間來對你的工作做出補償，用那些你可能錯過的事情來使你的人生更臻圓滿。

如果你是一個腦部手術醫生，必須整天都處在高度注意力集中的狀態。你可能會覺得激烈的體能運動、或甚至不花大腦像是洗車之類的工作，能夠讓你重新充滿活力。另一方面，如果你在洗車廠工作，大量地消耗體能、大腦卻常感到一片空白，試著找一個能集中你的注意力的嗜好，但也許不是腦部手術之類的工作。

「我是獨自工作的，」一位雜誌作家這樣說，「我常常覺得與世隔絕。我的唯一嗜好是長距離的慢跑。這更讓我覺得孤單。如果我不是太常感到憂鬱的話，我可能會加入團體做愛的活動。但是我最後加入了網球俱樂部。你幾乎可以遇到一樣多的人，而且更衣室也比較乾淨。」

我認識一個推銷員，他的女兒先天就有缺陷。對他來說，將水加滿的方式，是幫助為他的家庭以及為其他相同處境的家庭貢獻良多的慈善機構。

「我以為，我的銷售技巧可以讓我成為一個絕佳的資金募集者。」他說，「但是一整天聽了那麼多的『不』、被那麼多人拒絕之後，我就放棄了。於是我請調到分配的部門去。這麼一來，我就不是在要求，而是在給予了。大家都想要跟我說話，相信我，這在白天工作的場合裡，可不是這麼一回事。」現在他每天都期待著傍晚的到來。這不僅豐富了他的生活、他的態度，也增強了他的銷售技巧。

時間的片斷

策略：好好地運用那些沒有用的時間吧。我們之所以會認為時間不夠用的原因之一，就在於這些時間都是零碎而短暫的：你花在等待別人、或者等待某件事情發生的二十分鐘，或是你已經準備好要出門、但距離平常出門時間之前的七分鐘。

推銷員常常覺得他們的一天都充滿著零碎的片斷：在兩個約會之間的空白時間、太早結束的電話、以及臨時取消的拜訪。他們於是變成了專業的一分鐘經理。在每一個片斷裡，他們所完成的一分鐘工作，就為以後的工作減少了一分鐘的份量。

別任意地浪費你生命中的片斷，不管那有多小。以我之前提到的那些一分鐘的假期為例好了，排隊或是等待會讓你焦躁不安嗎？為什麼不趁機好好地放鬆一下、或是思考一下人生的方向？或者就是用這個時間來享受當下：看一看在你身邊的人們或是建築物，練習一下深呼吸，改變一下你的姿勢，或是想一想那些解不開的歷史之謎，反正找一件事來做就對了。

小祕方：利用等待的時間來減低你的憤怒，而不是增加你的憤怒。

策略：成功地管理你的時間，並不代表著要盡可能地將每一分鐘、每一個小時、每一天塞滿。這表示著運用你的時間好讓你更接近你想要完成的目標。

最後一項策略

策略：認識你自己。而這跟你的工作無關。如果你的自我價值是建立在你的工作上，那麼你的失敗將是遲早的事，尤其是當你要退休的時候。在維生糊口的工作之外，還有很多是值得、或至少是應該追求的。

你並不代表你的工作，不管你在工作上多成功或是多麼地失敗。我們都知道有些馳騁商場的大人物，事實上在做人方面是很不成功的。而且有些還不太快樂。而並不出人意外的，有些十分成功、十分快樂的人——有很好的朋友、親密的伴侶、並且是小孩眼中的英雄，從來不曾擁有過薪水優渥的工作。

「他的照片懸掛在每一面牆上，」一位員工如此描述公司的老闆，「大家提到他都是一付敬畏的口氣。但是除了讓他自己十分有錢之外，他到底為這個世界做了什麼事呢？他所做的不過是生產一件又一件不必要的、破壞生態、浪費資源的產品。」

「他在幫許多人提供工作機會。」我回答道，「包括你的在內。」

「沒錯，但是從這裡的人在工作中所獲得的快樂程度看來，他們在參加他的喪禮的時候，可能說不出什麼好話吧。」

小祕方：也許你現在的情況已經夠好了，根本就不需要去獲得一般人眼中所定義的成功。尤其那根本不是你對成功的定義時。

一個朋友曾談到他一個十分成功的同事：「他放棄了一切來追求財富，而當他終於成功的時候，他發現除了財富之外，他一無所有。於是他開始急於要擺脫它。但是因為他從來就沒有擁有過人生，所以他也不知道要如何運用他的金錢，即使他有時間來享受這筆財富的話。但是他並沒有時間，因為他就像天竺鼠一樣，太習慣在車輪裡轉來轉去了，所以他根本無法想像離開輪子的生活。當然，追求財富最美妙的一件事情，就是你永遠都會覺得不夠。所以他就繼續追逐下去。那只是因為他根本不知道生命中還有什麼別的好做的。」

我就像所有人一樣喜歡錢，可能比很多人都還要愛錢。而且體面的頭銜也能令人印象深刻。（這尤其能讓那些幼稚的人印象深刻，而那些卻是我們最不想要取悅的人。）但是決不要忘記了：這可是一場交易啊。你永遠要在你所得到的與放棄的東西之間，去權衡兩者的輕重。

第十八章　古怪而合宜

我想以另一個例子來作為這本書的結尾。

這並不是一個尋常的、為顧客的杯子加水的例子。

而我也希望這是一個古怪但是合宜的方式，來為我這本古怪但是合宜的書做結論。

幾年前，有一個推銷與行銷的專家，想出了一個他認為很高級的點子。

因為既然這個世界上有這麼多不快樂並且孤單的人，他以為他能夠針對他們的問題，寫一些個人化的建議，好為他們提供一點安慰、並為自己賺一點錢。

既然很多人的問題都大同小異，他想他可以訓練一些員工，寫出一兩個簡短的、個人化的段落，也許在他建立了問題庫、收集了足夠的好建議之後，可以越寫越少，然後將信的其他部分用適當的金玉良言來填滿。

他在一間相當具有知名度的小型報紙上刊登試驗性質的廣告。人們的問題便如雪花般飛來。

他讀了四封信之後，很快地就結束了這個計畫。

「我了解到，我面對的是活生生的人。」他說，「而不是一個行銷的機會。我了解到我所提供的解答，會影響到他們的生活。相較於我所經歷過的事情，他們所擁有的負擔是那麼地沉重。他們的問題遠遠地超過任何金玉良言所能涵蓋的範圍。我根本不夠資格來干涉他們的人生。後來我只好將他們的錢退回，然後自行吸收那些廣告費。」

但是他在那之外，還是多做了一些事。在每一個退錢的信封裡，他都附上了個人、手寫的回覆。其中一封信的內容如下：

親愛的蘭尼：

謝謝你的來信。聽到你的處境令我感到難過。但有時候我們就是得要忍一忍，直到我們終於得到應得的人生為止。而你已經忍過來了。我要把九點九五美元退給你，因為我覺得你應該拿這筆錢的。

從你的信中，我發現你可能比我更需要這筆錢。我希望能祝你幸福，我也希望你能祝你自己幸福。

我知道你覺得自己很渺小、很孤單。但是你並不孤單。你是一個人類，這就表示你跟我們都是一樣的，你是我們之中的一分子。

從生物學的觀點來說，在你的基因裡，你所有的祖先都構成了你身上的一部分。他們那麼辛苦、甚至做牛做馬，好讓你這個後代有一天可以在地球上昂首闊步。要花上數十億的時間才能創造出你生命中那個小小的宇宙啊！

如果你看不起你自己的話，你就等於是看不起我們所有的人，以及所有在你之前活過的人。

但是即便在這之外，你還是一個獨立的人，一個奇蹟似的存在，跟所有存在過的、偉大的人類比較起來，你們的相似處遠大於相異處。

在你身上某個地方，都藏著耶穌基督、愛因斯坦、林肯、莫札特以及梵谷的一些最優秀的特質。而最奇蹟的部分在於，你身上有著我們所說的、高貴的特質，也就是自由意志：你有掌控感情與慾望的能力、也就是掌控你自身命運的能力，你真的可以決定你今天要成為怎樣的人、以及未來要成為怎樣的人。

你的責任就是要運用這個自由意志，好好地把握先人以及我們社會所創造出的事物，而成為人上人。並且在這個集合眾人心血所創造出、所賦予你的生命裡，好好地把握每一分、每一秒。

祝福你

貝瑞馬哈

小祕方：你不會以半空的杯子爲目標，但也絕不要以半滿的杯子爲目標。將水加滿吧！

新管理系列　04

成功，從斟水開始

作　　者　Barry Maher
譯　　者　李靖華
總 編 輯　陳惠雲
主　　編　諸韻瑄
編　　輯　朱玫菁
校　　對　楊淑圓
出 版 者　匡邦文化事業有限公司
聯絡地址　台北市羅斯福路四段 200 號 9 樓之 15
E-Mail　dragon.pc2001@msa.hinet.net
網　　址　www.morning-star.com.tw
電　　話　(02) 29312270
傳　　真　(02) 20306639

法律顧問　甘龍強律師
初　　版　2002 年 2 月
總 經 銷　知己實業股份有限公司
郵政劃撥　15060393
台北公司　台北市羅斯福路二段 79 號 4 樓之 9
電　　話　(02) 23672044　23672047
傳　　真　(04) 3595493
定　　價　新台幣 280 元

Printed in Taiwan

國家圖書館出版品預行編目資料

成功，從斟水開始：／ Barry Maher 作；
李靖華譯. -- 初版，-- 臺北市：匡邦文化, 2002 [民 91]
面；　公分. --（新管理；5）
譯自：Filling the glass：the skeptic's guide to positive thinking in business

1. 銷售　2. 職場成功法

496.5　　　91000477

讀者回函卡

您寶貴的意見是我們進步的原動力！

購買書名： 成功，從斟水開始

姓　　名：

性　　別： □女 □男 年齡： 歲

聯絡地址：

E-Mail ：

學　　歷： □國中以下 □高中 □專科學院 □大學 □研究所以上

職　　業： □學生 □教師 □家庭主婦 □SOHO 族
□服務業 □製造業 □醫藥護理 □軍警
□資訊業 □銷售業務 □公務員 □金融業
□大眾傳播 □自由業 □其他

從何處得知本書消息：□書店 □報紙廣告 □朋友介紹 □電台推薦
□ 雜誌廣告 □廣播 □其他

你喜歡的書籍類型（可複選）： □心理學 □哲學 □宗教 □流行趨勢
□醫學保健 □財經企管 □傳記
□文學 □散文 □小說 □兩性
□親子 □休閒旅遊 □勵志
□其他

您對本書的評價？（請填代號：1 非常滿意　2 滿意　3 普通　4 有待改進）

書名________ 封面設計________ 版面編排________內容 ________

文／譯筆________

讀完本書後，你覺得：

□很有收穫 □有收穫 □收穫不多 □沒收穫

你會介紹本書給你的朋友嗎？

□會 □不會 □沒意見

（貼郵票處）

106 台北市羅斯福路四段 200 號 9 樓之 15

匡邦文化事業有限公司　編輯部　收

地址：＿＿＿縣／市＿＿＿鄉／鎮／市／區＿＿＿路／街
＿＿＿段＿＿＿巷＿＿＿弄＿＿＿號＿＿＿樓